电气工程
及其自动化研究

易 屹　胡明霞　赵惊涛◎主编

四川科学技术出版社

图书在版编目（CIP）数据

电气工程及其自动化研究 / 易屹，胡明霞，赵惊涛

主编 . —— 成都：四川科学技术出版社，2024. 12.

ISBN 978-7-5727-1644-7

Ⅰ . TM

中国国家版本馆 CIP 数据核字第 2024BS2111 号

电气工程及其自动化研究
DIANQI GONGCHENG JIQI ZIDONGHUA YANJIU

主　　编　易　屹　胡明霞　赵惊涛

出 品 人　程佳月

选题策划　鄢孟君

责任编辑　朱　光

助理编辑　王睿麟　张　晨

封面设计　星辰创意

责任出版　欧晓春

出版发行　四川科学技术出版社

　　　　　成都市锦江区三色路 238 号 邮政编码 610023

　　　　　官方微博 http://weibo.com/sckjcbs

　　　　　官方微信公众号 sckjcbs

　　　　　传真 028-86361756

成品尺寸　170 mm × 240 mm

印　　张　8

字　　数　160 千

印　　刷　三河市嵩川印刷有限公司

版　　次　2024 年 12 月第 1 版

印　　次　2024 年 12 月第 1 次印刷

定　　价　62.00 元

ISBN 978-7-5727-1644-7

邮　　购：成都市锦江区三色路 238 号新华之星 A 座 25 层　邮政编码：610023

电　　话：028-86361770

电气工程及其自动化，是指在电力生产到电力消费的各个环节和层次都进行自动化控制，其中涉及电力电子技术、网络控制技术、计算机技术等多种技术，具有综合性强的特征。电气工程及其自动化的特点主要体现为强弱电结合、机电结合、软硬件结合等，而电力企业则运用各种设备进行发电、输电、变电、配电等工作，最终将电输送至用户。

随着我国社会经济的快速发展，我国各方面的技术水平得到了相应的提高，电气自动化技术在我国电气工程中的应用越来越广泛。这一技术不仅能够自动化调节和控制各个电气系统，还能够切实保障相关电气设备运行的安全性、稳定性和高效性，同时也进一步推动了社会的生产、进步和发展，最终促进社会经济水平和人民群众生活水平的进一步提高。人们的日常生活、工作和生产对电力的需求量日益增大，促使我们必须运用先进的、自动化的技术来优化电力系统，以达到最大限度利用电力的目标。

当前电气工程及其自动化技术在我国电气行业起着重要的作用，它有效地推动了电气行业的发展。在实际应用中，只有突破技术瓶颈，实现技术飞跃，才能使电气工程及其自动化技术更好地为我们所用。

本书从电气工程及其自动化的基础知识着手，对电气工程自动化技术展开分析论述，并对电气自动化的创新技术与应用做了一定的探索研究。本书结构清晰、语言通俗易懂，理论与实践相结合，可操作性及通用性强，可供从事电力工程的相关技术人员阅读参考。

目　录

第一章　电气工程及其自动化概述 ················· 1

　　第一节　电气工程及其自动化的保证条件 ················· 1

　　第二节　电气工程及其自动化形成的过程 ················· 3

　　第三节　工程技术人员在电气工程及其自动化工程中的作用 ··········· 8

　　第四节　电气工程及其自动化的发展前景及动向 ··········· 13

第二章　电气工程及其自动化项目的安装调试 ················· 18

　　第一节　电气工程及其自动化项目的安装调试准备工作 ··········· 18

　　第二节　电气工程及其自动化项目的安装调试要点 ··········· 23

第三章　电力系统调度自动化 ················· 48

　　第一节　电力系统调度自动化的实现 ················· 48

　　第二节　远动和信息传输设备的配置与功能 ··········· 51

　　第三节　调度计算机系统及人机联系设备 ··········· 57

　　第四节　电力系统的分层调度控制 ················· 65

　　第五节　电力系统状态估计 ················· 67

第四章　变电站和配电网自动化 ················· 68

　　第一节　变电站综合自动化 ················· 68

　　第二节　配电网及其馈线自动化 ················· 76

　　第三节　远程自动抄表计费系统 ················· 82

　　第四节　负荷控制技术 ················· 84

第五节　配电网综合自动化 ································· 88

第五章　电气自动化的创新技术与应用 ················· 94

第一节　变电站综合自动化监控运维一体化与优化方案 ·············· 94

第二节　数字技术在工业电气自动化中的应用与创新 ··············· 108

第三节　人工智能技术在电气自动化控制中的应用 ················· 113

参考文献 ··· 117

第一章　电气工程及其自动化概述

第一节　电气工程及其自动化的保证条件

要顺利实施电气工程及其自动化项目，需要严格控制工程设计、设备、原材料的质量，以及做好安装、调试、运行、维护、检修、修理、保养等几个工作环节。

第一，电气工程及其自动化项目的设计必须由具有相应资质的设计单位进行，对于较大和较重要的工程，建设单位须到设计单位进行实地考察，设计单位应出具项目设计论证报告、设计方案和初步设计，经相关专家论证及评估后才能进行后续设计，以确保工程项目设计的质量。

第二，对于产品、材料的开发设计应有可行性试验报告和市场调研报告。产品投放市场前应通过准入制度考核，并有型式试验报告和产品质量合格报告，并经主管部门、质量监督部门、大型用户联合使用鉴定报告，必要时应有上一级或国家级主管部门介入，从源头上杜绝劣质产品的设计、研制及生产，以确保电气产品及材料在设计及生产、流通环节的质量。

第三，电气工程及其自动化项目所用到的设备、原材料是决定工程项目质量的最重要条件，把好设备、原材料质量关，是实施电气工程及其自动化项目的头等大事。电气工程及其自动化项目对于设备和原材料须实行三检制度：一是在采购时的检验，特别是对生产商、销售商的资质、信誉、业绩和服务的检验和考察；二是采购后的进厂进货检验，除了采购人员、保管人员之外，还应有专业人员参与进货检验，必要时，特别是对于大型、贵重的设备应进行实地通电试验和仪器检验，确保产品的质量；三是安装或使用时的检验，所有电气设备、原材料在安装或

1

使用前应按规程、规范要求进行试验及检验，杜绝假冒伪劣产品混入工程项目。上述三检均应出具试验及检验报告。

第四，电气工程及其自动化项目设备的安装是保证工程项目顺利进行的重要条件，除按照规程、规范、标准和设计要求进行安装外，还要在安装前对设备、元件、材料进行测试和试验，以确保安装质量。在安装过程中根据实际需要，会有吊装、运输、焊接、加工制作、钳工作业等作业程序，这些环节的质量都关系着工程的总体质量，因此，每道工序的质量检查都是非常重要的，要求做到事前控制，避免造成不合格后的返工或返修，以确保工程质量。

第五，电气工程及其自动化项目设备的调试是保证工程项目交验及正常运行的重要技术手段，除了按照规程、规范、标准对工程各个子项目进行调整试验外，还要对其可靠性、灵敏性、准确性、安全性和抗衰老性作出判断，以确保其正常运行，并能在非正常条件下自动作出响应，保证系统安全运行。

第六，电气工程及其自动化项目设备的正常运行是保证交付使用后系统稳定工作最重要的因素。除按照规定和运行规程进行监视、测量、调整、控制、记录外，还要对系统的安全性、可靠性、灵敏性、准确性作出判断，及时发现运行缺陷，为维护、保养、检修提供可靠的依据和线索。以上行为可统称为运行技术措施。运行技术措施的科学性及普遍性，是保证电力系统及电气设备安全运行的必要条件之一，是保证安全运行的关键手段。运行技术措施要落实在"勤""严""管"三个字上。"勤"就是对电气线路及电气设备的每一部分、每一参数勤检、勤测、勤校、勤查、勤扫、勤修。这里的"勤"是指按周期，只是各类设备周期不同而已。除按周期进行清扫、检查、维护和修理外，还必须利用线路停电机会彻底清扫、检查、紧固及维护修理。"严"就是在运行维护中及各类作业中，严格执行操作规程、试验标准、作业标准、管理制度。"管"是指用电管理机构要积极采取组织措施。这个机构应该是有权威性的，一般由电气专家和行政负责人组成，能解决处理有关设计、安装调试、运行维护及安全方面的难题，同时从上到下直至每个用电者应有一个强大的安全协作网，构成全社会管电、用电的安全系统，这是保证电气工程及其自动化项目安全运行的社会基础。

第七，电气工程及其自动化项目设备的维护保养，是保证系统安全运行的重要技术手段。维护保养必须遵守维护保养相关技术规程，同时要在确保维护保养的要点上下功夫，把故障、缺陷消灭在萌芽状态，要落实维护保养的"勤""严""管"。

第八，电气工程及其自动化项目设备的周期检修，是确保系统长期安全运行的基本技术手段。随着时间的推移，世界上任何人工制造的装置在使用或运行的过程中，都会有一定的磨损。在维护保养中我们要消除一些容易发现而工作量较少的磨损，如螺母松动、润滑油不够、仪表数据不准、导线或触头发热等。同时要记录设备的状态及工作量较大的修复项目，以方便周期性检修或更换。其中，周期的长短是按长期运行或使用经验而制定的，并不时地按设备实际运行状况进行修订，以满足设备运行的需要。检修同安装一样，需要编制施工组织设计，并对设备进行检测和试验。

第二节　电气工程及其自动化形成的过程

一个大中型的电气工程及其自动化项目形成的过程是非常复杂的，涉及技术、商务、经济、法律及管理方面的内容。电气工程及其自动化项目的形成一般要经过如下几个过程。

一、立项

由建设单位或主管部门向上级提交项目建议书，阐述项目的重要性、必要性及其对经济发展的作用等，并提交项目评估报告。项目评估报告主要是评估项目投资、效益、工期、税金等，经专家及主管部门评审通过后正式立项。

二、可行性研究及分析报告

由第三方组织有关专家及有经验的技术人员对项目的必要性、可实施性和实际效果等进行详细的调查研究及分析，包括存在的风险、不确定因素等，为决策者做出正确的判断提供依据，减少或防止决策失误，确保项目决策正确，从而保证项目建成后的社会效益及投资效益。

可行性研究工作包括以下五大步骤。

（一）研究筹划

这一过程需要摸清投资主体的目标、能力和要求，了解项目的背景、范围、具体研究内容。根据可行性研究内容的需要，确定可行性研究小组成员，并制订研究计划。

（二）调查研究

包括市场调查，原材料、燃料动力调查，工艺技术设备调查，建厂地区、地址调查，资金筹措渠道调查，以及有关政策法规调查等内容。通过分析论证，研究项目建设的必要性。

（三）技术方案设计与优选

在调查研究的基础上，设计出可供选择的技术方案，并结合实际条件进行反复论证研究，会同委托单位明确方案选择的原则及择优标准。从可能的技术方案中推荐最优或次优方案，论证其技术上的可行性。

（四）项目评价

包括对所选方案进行财务评价和经济评价。通过盈利性分析、财务生存能力分析、费用效益分析、不确定性分析和风险分析，研究论证项目财务可接受性、经济合理性和社会适应性。

（五）编写可行性研究报告

在证明项目建设的必要性、技术上的可行性和经济上的合理性之后，即可编制可行性研究报告，推荐一个或几个项目建设可行性方案，提出结论性意见和重大措施建议，作为项目的决策依据。

三、设计招标及实施

第一，项目确定后首先进行设计招标，并发布招标文件。投标单位必须是具有相应设计资质且涵盖项目要素的设计单位，出示设计方案和标的，由评标委员会评出最佳设计单位中标。

第二，设计单位中标后首先应出具项目的初步设计和技术设计，由第三方组织有关专家及有经验的技术人员进行评审，提出相应的改进意见或建议，经建设单位技术部门认可后进行项目的施工图设计，并在规定时间出具施工图，报当地、上一级、专业工程建设审图办公室审核批准。审图办公室必须具备相应资质。

第三，将全套施工图交与建设单位。

四、工程项目的招投标

第一，建设单位发布招标书，将施工图全部交予投标单位，并签订相应的协议。

第二，投标单位必须是具有相应施工资质且涵盖全部施工图要素的施工单位，按照招标书要求编写技术标（施工组织设计）和商务标（工程项目标的），并在规定时间内将投标书送达招标单位。

第三，招标单位应委托第三方评标委员会评审。评标委员会由相关专家及有经验的技术人员组成，并按照公平、公正、公开的原则评标。评标委员会必须在招标书规定的时间内公布招标结果和中标单位。

五、工程项目的前期工作

为确保工程的质量、安全、环保、进度、投资及工程项目交验，中标的施工单位应开展以下工作：①审核工程设计及施工图；②编制工程的施工组织设计；③编制工程预算；④编制施工材料计划清单；⑤编制施工机具计划；⑥编制施工人力计划，配备技术力量；⑦编制设备清单及到货计划；⑧编制质量计划；⑨编制环境管理计划；⑩编制安全管理方案；⑪设置施工管理机构，配备相关技术人员；⑫配备施工用的标准、规范、规程及图册；⑬检查现场安装施工条件；⑭检查现场应急预案及保险；⑮沟通与策划（包括与建设单位、设计单位、监理单位、当地政府相关部门以及当地驻军、居民的沟通）；⑯其他相关事宜。

六、开工前的协调组织及准备工作

第一，确定项目负责人和各类人员的职责。

第二，质量、环境、安全管理体系和施工管理体系的建立及实施计划。

第三，开工前的准备工作。为了将工程做好，相关人员须详细阅读工程图样、设计说明和交底文件，以及建设单位相关要求、相关标准规范等内容。

七、电气工程及其自动化项目的安装调试及试运行

安装调试及试运行是电气工程及其自动化项目最后一个攻坚体系，在这个体系中，集中了技术工人、技术人员、工程师们的辛劳和智慧。安装调试一般有如下程序：①进驻工地，按施工组织设计中的施工平面布置图进行临建、组织施工人员进场。②对进场设备、原材料进行检测、检验。③人员分配分工，进入安装阶段。④跟踪安装过程，进行质量检验、安全检验、环保检测，处理该过程中存在的问题。⑤对完工的分部、分项工程进行调试，对单位工程进行调试。⑥按车间或子系统进行试送电，处理其中存在问题。⑦系统全部送电，进入试运行。⑧整理工程记录。⑨竣（交）工验收。⑩全面试车及试运行。⑪正式运行。

八、电气工程的竣（交）工及验收

电气工程及其自动化项目经过前期准备、安装、调试、送电及试运行后，成为合格的产品，即可交付建设单位使用，这个交付的过程就是竣（交）工及验收。有些工程把送电及试运行与竣（交）工及验收合并进行，这是一种简易可行的、常用的办法。

（一）总体要求

第一，电气工程及其自动化项目竣（交）工验收的竣（交）工主体应是安装单位，验收主体应是建设单位，并由质量监督单位、监理单位监督。

第二，竣（交）工验收的电气工程，必须具备规定的交付竣（交）工

验收条件，包括合同条款、电气工程施工及验收规范等相关内容及条款。

第三，竣（交）工验收阶段一般应按下列程序依次进行：①竣（交）工验收准备，由安装单位进行。②编制竣（交）工验收计划，由安装单位按工程实际情况编制。③组织现场验收，由建设单位组织安装单位及相关部门参加。④进行竣（交）工结算，由建设单位、安装单位共同进行，由监理单位监督。⑤移交竣（交）工资料，由建设单位、安装单位、监理单位共同进行。⑥办理竣（交）工手续，由建设单位、安装单位、监理单位共同进行。

（二）竣（交）工验收准备

第一，项目经理应全面负责工程交付竣（交）工验收前的各项准备工作，建立竣（交）工收尾小组，编制项目竣（交）工收尾计划并限期完成。

第二，项目经理和技术负责人应对竣（交）工收尾计划执行情况进行检查，重要部位要做好检查记录。

第三，项目经理部应在完成施工项目竣（交）工收尾计划后，向企业报告，提交有关部门进行验收。实行分包的项目，分包人应按质量验收标准的规定检验工程质量，并将验收结论及资料交安装单位汇总。

第四，安装单位应在验收合格的基础上，向建设单位发出预约竣（交）工验收的通知书，说明拟交工项目的情况，商定有关竣（交）工验收事宜。

（三）竣（交）工及验收的主要内容及程序

竣（交）工及验收的主要内容及程序包括两点：一是验收时对安装工程进行质量检查、试验及试运行或试运转；二是交验竣（交）工资料及有关安装调试记录的技术文件（以下简称技术文件资料）。其目的在于：检验竣（交）工的电气工程是否符合设计要求，能否实现设计意图；安装工程质量是否符合国家或部颁的标准规范，调整试验项目及其结果是否符合国家或部颁规范要求；有关安装试验调整的记录、资料文件是否齐全，是否符合国家或部颁标准的要求。

九、工程项目总结

第一，建设单位按项目评估报告进行总结，结合工程项目的全部实际过程进行对比，分析存在的问题，撰写总结报告，报上级主管部门。

第二，主管部门按可行性研究及分析报告组织专家、技术人员进行系统总结，找出评估的差距，积累经验，撰写评估总结报告。

第三，设计单位按工程项目实施的全过程，以及安装调试及试运行的实际情况和设计方案、主要设备、控制精度等找出设计失误及差距，积累经验，撰写设计总结报告。

第四，安装单位按照施工图样、施工组织设计、工程预算和决算、安装记录、质量记录、设备及原材料检验记录、安全检查记录、环保实施记录、现场施工组织、人、机、料、法、环及交工验收等因素进行全面总结，撰写总结报告。总结成功的经验、失败的教训，必要时应总结出安装调试及运行中的经典事例，作为今后承包、投标工程的重要资料，特别是对大型重点工程，必须撰写全面、真实的总结报告。

第三节　工程技术人员在电气工程及其自动化工程中的作用

一、设计师在电气工程及其自动化项目中的作用

电气工程及其自动化项目的设计在工程的全部过程中处于非常重要的地位，设计上的细微失误都可能会给工程带来重大的损失。因此，工程设计要进行招标，投标单位要进行工程的初步设计和技术设计，并由第三方组织专家进行评审，提出相应意见和建议。由建设单位技术部门认可后投标单位方可进行具体设计。当施工图设计完工后，还要经过当地或上一级专业工程建设审图机构审核。可以看出，工程设计环节须层层把关，关关严谨，不得有丝毫粗心和失误，只有这样才能保证达到工程设计的技术指标和产品质量。

工程设计师是工程项目设计的主体、基石、栋梁和神经，他们肩负

重担、责任重大，在保证系统的先进性、稳定性、可靠性、灵敏性和安全性方面发挥十分重要的作用。

（一）在工程项目的主体上确保技术的先进性

在设计上采用先进的技术、设备、材料是推动全社会技术进步的重要手段。任何先进的设备、技术、材料只有在工程实践中证明它的先进性和实用性，然后才能进入推广使用阶段。电气工程及其自动化是前沿学科，随着社会的发展和技术的进步，电气工程及其自动化技术已渗透到各个领域，其先进性代表着发展方向。

设计方案的先进性是工程项目设计主体先进的根本保证。因此，设计师在确定设计方案时应参考国内外同类电气工程及其自动化项目的设计成果，参考相关文献书籍，并对其进行分析，汲取精华，去除糟粕。汲取精华不是生搬硬套，而是由它激发出创意，在其基础上创造出更为先进的方案或提供更为先进的思路，确保设计方案的先进性。去除糟粕不是全部否定，而是提醒我们不要走别人的老路，要分析造成糟粕的原因，避免设计方案落后和失败。

与此同时，设计方案不能一味追求先进而忽视投资效益，过分追求精华往往会形成糟粕，也就是说钱没有用在刀刃上。先进指的是功能上先进、设备上先进、技术上先进、材料上先进，而这些先进设备、技术和材料必须是经过实际检测和验证并确定了其先进性方可采用的。作为设计师，任何时候、任何情况下，都不能采用未经实际检测和验证的产品，更为重要的是千万不能去当别人的试验品，同时要杜绝假冒伪劣产品进入电气工程及其自动化项目。

（二）在工程项目的主体上确保系统的稳定性

除了上述先进的技术、设备、材料以及设计方案外，还要解决它们之间接口和控制的问题，只有解决好接口和控制问题，设备才能稳定工作。稳定工作就是在各种数值、参数、定值以及运行环境、条件、状态处于正常状态下，系统能长期无故障、无缺陷、精准地运行，这是电气工程及其自动化项目最根本的要求，在控制系统复杂、重要负荷、特殊环境条件下，要求则更为严格。因此，设计师在选择先进的设计方案、设备和材料及确定接口和控制的具体结构和方法时，要着重考虑稳定性这一重要基本点。

（三）在工程项目的总体上确保系统的可靠性

可靠性就是在先进性、稳定性的基础上，系统设置的各种保护装置、报警系统、自动调节系统、自动控制系统、自动检测装置、安全保护自动装置、智能识别及控制系统等能够在系统各种数值、参数、定值以及运行环境、条件、状态处于非正常情况下可靠地运作，或者可靠地按照设定的程序去进行保护、报警、调节和控制，经控制或调节，将系统从非正常状态牵引到正常状态以保证系统恢复到正常的运行状态。这是一个非常复杂的过程，除常规的继电保护技术外，还要用到传感器技术、电子技术和电力电子技术、微机技术、通信技术、自动控制及调节技术、人工智能技术乃至机械手、机器人技术等。

可靠性及上述这些技术是实施电气工程及其自动化项目的难点，也是最能激发人们工作乐趣的源泉。每一位设计师都应该在这方面下功夫，确保自己设计的继电保护系统、报警系统、自动调节及控制系统、自动检测系统、安全保护系统、智能识别及控制系统等能够可靠地运作，确保系统的安全运行。

（四）在工程项目可靠性的基础上确保其灵敏性

灵敏性是建立在可靠性的基础上的，系统在设定的数值、时间、环境、条件之内应迅速运作。除了在设备、元件、材料的选用上要满足设定的要求外，还要在数学模型的建立上保证精确，线路设置必须合理，同时应有排除各种干扰的设置和措施，有拒绝错误动作的设置和措施。因此，智能识别和控制系统在重要的电气工程及其自动化项目中有很重要的位置和作用，在方案设计中通常采用数理统计的方法，把所有可能发生的、影响系统运行的条件和环境全部列出，逐一设立方案。若有相关的条件或环境，应采用"与""或""与或""与非""或非"等数学模型去解决问题，确保万无一失。

（五）确保电气工程及其自动化项目的安全性

上述先进性、稳定性、可靠性、灵敏性是保证系统安全运行的基本要点，只要在设计上能确保这四点，其余的可由安装、调试、运行、维护、保养、检修等程序去完成。安全运行是指在正常条件下，系统能稳定工作，在非正常条件下，系统的保护及自动调节系统能及时工作，将系统从非正常条件下的状态牵引到正常状态而稳定工作，使系统处于持续的正常状态。这种安全运行是理想状态，在实际工程中是难以达到的，电气系统总会发生一些故障，只要这些故障不影响系统的总体运行，不造成损失，就可以称作安全运行。

综上所述，设计师在电气工程及其自动化项目的设计中承担着重大责任，在某些环节起着决定性的作用。设计是电气工程及其自动化项目先进性、稳定性、可靠性、灵敏性、安全性的先导。如果设计在这五点上存在缺陷，则可能会导致整个工程项目的失败。因此，设计师要与时俱进，不断学习新技术、新工艺、新设备、新材料的相关知识，提高自身的技术水平，同时要经常深入工程现场，掌握第一手资料，验证自己的设计是否合理，并向现场安装人员学习和探讨，进一步开阔思路，改进设计。

二、工程师在电气工程及其自动化项目中的作用

工程师在电气工程及其自动化项目整个实施过程中起着决定成败的重要作用。他们是工程的中流砥柱、桥梁、金钥匙、抢险队队长；他们是工程指挥者、组织者、实施者；他们在工程中要传授技术、教授方法、解决难题、监督质量、掌握进度、保证安全、控制投资、交流沟通。以下简述这些职责的内涵。

第一，熟读和掌握工程设计图样和设计文件。

第二，编制施工组织设计并付诸实施。

第三，向施工人员进行技术交底、安全交底。

第四，把设计图样存在的缺陷、不足和问题反映给设计单位，双方达成共识，利于施工。

第五，解决工程中出现的技术性难题和非技术性难题。

第六，解决工程中出现的质量、安全及环保事故。

第七，投标阶段编制标书，直接参与投标活动。

第八，与建设单位、设计单位、兄弟单位、供货单位、地方政府、上级单位交流沟通。

第九，在管理层与作业层之间上下传达技术、管理、组织信息，并组织项目的实施。

第十，对工程全面监督、全面负责，统筹组织人、机、料、法、环等生产环节，确保质量、安全、进度、投资、环保等方面没有疏漏。

作为工程师同样要与时俱进，不断学习新技术、新工艺、新设备、新材料的相关知识，扎根于施工现场，积累实践经验，在电工专业及其边缘学科不断拓展，立足于电工技术前沿，瞄准高端领域，在电气和自动化专业及其工程中发挥出更大的作用，做出更大的贡献。

三、技术工人在电气工程及其自动化项目中的作用

技术工人是电气工程及其自动化项目的直接实施者，是电气工程及其自动化项目的中坚力量，是创造价值、创造财富的主力军，是配合工程师工作的得力助手。他们是承载工程项目的基石，是攻克工程项目实践困难的勇士，是抢险队队员，他们在工程项目完成的过程中功不可没。

技术工人在工程中要完成安装、调试、运行、维护、检修、试验、保养、修理等项目，每个项目的完成都必须遵守标准、规程、规范的要求，确保工程的质量；同时还要面对并处理工程出现的意想不到的复杂的故障、险情、事故等，这就要求他们具备精湛的技术技能、崇高的职业道德、临危不惧的心理素质以及处理复杂事务的能力和意志。

作为技术工人，同样要与时俱进，不断学习新技术、新工艺、新设备、新材料的相关知识，通过不断深入的学习和实践提高自己，以适应新形势、新技术的需要。

四、设计师、工程师、技术工人之间的关系

通过前述分析可以明确地看出，设计师、工程师、技术工人之间的关系是互补的、相容的、密不可分的，虽然三者在工程中的分工和位置

不同，但他们在电气工程与自动化项目中缺一不可。

第一，设计师要经常深入工程现场了解情况，并与工程师、技术工人学习或共同探讨技术问题。同时，工程师、技术工人要向他们反映设计上存在的缺陷或不足，以求合适的解决方法。

第二，工程师处于设计师和技术工人之间，其既是传递信息的桥梁，又是解决实践问题的纽带，既要把设计意图和自身领会教授给技术工人，又要组织、指挥技术工人完成工程项目。同时，他们既要解决工程中的难题，又要协同设计师商讨解决工程中出现的或技术工人反映上来的难点、疑点。

第三，技术工人是按照设计师的设计意图和工程师的技术要求、技术交底来进行施工的，施工中出现不可解决的问题要向设计师、工程师反映。在解决问题的过程中，他们往往能提出很多可操作、有价值的方法。他们丰富的实践经验值得设计师、工程师们学习借鉴。

设计师、工程师、技术工人在工程中的位置不同、发挥的作用不同，各自的利益、效果不同，但目的是相同的；他们之间有合作，有监督，又有上下关系，三者共同促进电气工程及其自动化项目的进展。

第四节　电气工程及其自动化的发展前景及动向

电气工程及其自动化有着广泛的发展前景，随着传感器技术、微机技术、机器人技术的普及和发展，以及风能发电、太阳能发电、核能发电、化学能及其他能源发电的开发和利用，电气工程及其自动化项目必将有一个新的发展契机，这也是每个电气工作者发展的机遇。无论是刚毕业的大学生，还是已经从事电气工程及其自动化工作的电气工作者，都有着发展和创新的机遇。要想抓住这个契机就必须不断学习新技术、新工艺，掌握新设备、新材料的相关知识，只有这样，我们才能在这个发展的契机中立于不败之地。

纵观人类历史的发展和科技成果，无一不与电气自动化有着千丝万缕的联系。电气工程及其自动化技术的发展和进步，推动着人类文明及科学技术的发展和进步。

电气工程及其自动化的发展是全方位的、多方面的，主要有工厂自动化、电气设备及元件、通信系统、工业与民用建筑电气工程、自动控制系统以及在经济、国防、科研、教育等领域的应用等。

一、工厂自动化

工厂自动化的发展主要体现在计算机技术及其推广应用方面，特别是机器人、机械手、智能控制等方面的硬件及软件系统。

第一，建立工厂自动化网络，主要是利用数据通信局域网把各个车间、生产线、供应系统之间连接起来，加上软件的支持，实现生产自动化。

第二，工厂自动化计算机，主要是建立在 32 位计算机应用的基础上，使制造管理功能与综合控制功能一体化，同时使计算机辅助设计和计算机辅助制造在线化。这样，在机械设备、电气设备、辅助设备及其元件上将有很大的进步或改进。

第三，工厂自动化控制器将被广泛应用，它是实现上述技术的基本元件，促进了更大范围的群控系统化和系统微型组件化。

第四，可编程序控制器、机器人控制器、数字控制器将进一步提高控制功能，进一步智能化，加强与工厂自动化控制器的在线功能。这样，低压电器、高压电器、电动机及动力装置将在结构和应用上有很大的改进，特别是在控制接口上会有很大的突破。

第五，计算机辅助设计软件将被广泛应用，分析系统、分析要求、评价工具的通用化和多元化将得到显著改进，进一步促进模拟技术的应用，使上述软件系统与硬件结合，加强控制功能，提高产品质量。

第六，生产管理软件将被普及应用，软件将实现插件化和模块化，并利用简易语言使程序简化，大大方便人们的操作和使用，同时计算机将普及运用到各个岗位，减少手工操作，有力促进自动化生产体系的建成。

第七，制造管理软件，与其他车间的各个系统实现网络一体化和工厂自动化；与计算机辅助设计和计算机辅助制造实现在线化；建立使系统高效运转的调度软件，实现联网调度，提高效率；系统采用并推广使用简易语言、简化程序，提高工作效率。

第八，设备的综合控制将实现系统网络化，各种控制器与系统接口标准化，可与各种控制器进行数据通信；软件插件化和模块化；控制系统的控制语言将简化程序，便于应用。同时与生产管理软件相辅相成，实现生产、工艺、调度、供应自动化。

第九，设备的群控功能将得到扩充，群控的软件实现插件化和模块化，用控制语言简化程序，便于操作和应用。

第十，加强重要设备的控制及其与工厂自动化控制器的在线功能，重要设备的运行状态将按时提供数据，以供分析和查看。同时普及应用高级语言，扩充智能功能和控制功能。

第十一，扩大无人搬运装置的应用，使搬运高速化，提高搬运定位精度，利用自动识别技术提高搬运和分类精度，减少人工成本。

第十二，扩大交流伺服机构的应用，实现控制高级化和控制装置小型化，适应特殊环境，扩大运用范围，如机器人、机械手、狭小空间、精密制造、无尘超净环境等。

第十三，传感器技术、自动检测技术、自动控制技术，防火、防盗、防灾、防震技术的应用越来越广，工厂自动化将实现智能化、智能控制。

第十四，新型、先进、智能电气设备元件应用范围越来越广，与计算网络的接口连接也越来越简单。

二、智能控制及仿真控制

随着计算机技术、传感器技术、自动控制技术的普及，智能控制及仿真控制将有很大的发展潜力。

智能控制包括模糊控制和人工神经元网络非线性控制，都是建立在各种反馈系统上的控制。模糊控制中的模糊化接口、推理机、解模糊接口及知识库是亟需普及和推广应用的部分。人工神经元网络非线性控制可分为监督控制、直接逆控制、模型参考控制及预测控制。这些控制系统中的网络控制器、网络预测模型同样是亟须普及和推广应用的部分。

仿真控制是建立在矩阵变换计算、多项式运算、微积分、线性及非线性方程、常微分方程、偏微分方程、插值与拟合、统计及优化等数学基础上加以 C 语言编程而来的控制系统。仿真控制亟须在开发、普及、推广上下功夫，特别是在与计算机系统接口连接及解决元件简化、程序简便等方面，其发展动向深不可测，是控制系统的尖端学科。

三、智能化开关设备

开关设备智能化，是指低压开关设备、高压开关设备及其辅助装置能与计算机网络及自动化技术直接连接，保证自动控制系统畅通无阻。智能化开关设备的开关、应用、运行等方面的发展前景广阔。

（一）智能开关设备的基本特点

第一，现场参量处理数字化。不仅大大提高了测量和保护精度，减小了产品保持特性的分散性，而且可以通过软件改变处理算法，不需要修改硬件结构设计，就可以实现不同的保护功能。

第二，电气设备的多功能化。如数字化仪表就具有如下功能：可以实时显示用户需要的各种运行参数；可以根据工作现场的具体情况设置保护类型、保护特性和保护阈值；可以对运行状态进行实时分析和判断，完成监控对象需要的各种保护；可以真实记录并显示故障过程，以便用户进行事故分析；可以按用户需要保存运行的历史数据，编制并打印报表等。

第三，电气设备的网络化。采用数字通信技术，组成电气智能化通信网络来完成信息的传输，实现网络化管理、共享设备资源。

第四，真正实现分布式管理与控制。智能开关设备的监控单元能够完成对电气设备本身及其监管对象需要的全部监控和保护，使现场设备具有完善、独立的处理事故和完成不同操作的能力，可以组建成完全不同于集中控制或集散控制系统的分布式控制系统。

第五，能够组成真正的全开放式系统。采用计算机通信网络中的分层模型建立起来的电气智能化通信网络，可以把不同生产厂商、不同类型但具有相同通信协议的智能电气设备互联，实现资源共享，不同产品可以互换，达到系统的最优组合。通过网络互联技术，还可以把不同地域、不同类型的电气智能化通信网络连接起来，组成全国乃至世界范围的开放式系统。

（二）智能开关设备的一般组成结构

智能开关设备由一次电路中的开关电器元件和一个物理结构上相对独立的智能监控单元组成。开关设备一次元件应包含开关柜内所有安装在一次电路侧的电器元件，如电压互感器、电流互感器、隔离开关、执行电器（断路器、接触器、负荷开关）、接地开关等。

智能监控单元含有输入、中央处理与控制、输出、监测及通信等主要模块，能够实现智能电网及智能控制，这标志着数字化电网时代的到来。

四、工业与民用建筑

第一，节能建筑发展潜力很大。

第二，火灾报警与消防联动装置亟待新产品开发。

第三，建筑物内网络、通信等新产品亟待开发。

第四，智能建筑，包括防盗报警、智能控制、电子巡更、停车场管理、门禁及对讲系统、楼宇设备控制监测系统等方面，亟待新产品开发。

五、电热应用

主要包括电加工、电加热、电阻加热、电弧炉、感应炉、特殊电加热、电弧焊机、电阻焊机焊接设备、静电加热技术等方面，亟待新产品开发和推广应用。

六、通信及网络系统

通信及网络是现代科技发展的必然，是人们工作生活所必需的联络方式。有很多元件、接口装置等新产品亟待开发并推广应用。

七、其他方面

电气工程及其自动化总是领先并配合其他学科的发展，在今后将有更多的专业、学科与其配合，创造出更多的成果。在工程技术领域，电气工程及其自动化永远是先锋官、排头兵。

第二章　电气工程及其自动化项目的安装调试

第一节　电气工程及其自动化项目的安装调试准备工作

一、设计及施工图

电气工程的设计必须由具有相应资质，并由主管部门颁发相应等级设计许可证书的设计单位进行，特别是重点工程、大中型工程或对本地区有较大影响的工程，必须审核设计单位的资质证书，设计单位的设计人员资格必须符合资质证书等级的要求。

设计单位提供的施工图必须在中标后、开工前进行审核，并提出会审意见进行备案。参加会审的应有设计单位、安装单位、监理单位、建设单位、供货单位，大型或国家重点工程必须有省主管部门主管技术的人员参加。会审时设计单位应对图中不妥、缺项、疑问等内容做出回应，确保施工图的正确、完善和可实施性。

二、施工组织设计

施工组织设计应在标书中施工组织设计的基础上进一步细化，特别是在施工工艺程序及施工方案（方法）、保证质量目标及措施、施工计划的技术措施、工期的安全目标及保证措施、环境目标及保证措施、工程预算及投资计划、机具计划和人力计划及管理措施、物资供应计划及物资管理、安装技术措施及技术交底、安全技术措施及技术交底、应急预案、施工管理组织及人员设置等方面，确保其具有可操作性，能真正指导施工。

施工组织设计实际就是一种安装工程的模拟演练，就是工程的管理组织者在开工前对整个工程进展的一种设想，并对主要工艺方法、质量保证、安全管理、环境保护、施工进度、投资经费及人员配置等做出预测，并在实际施工中得到证实。

三、施工预算

施工预算应在标书中的报价基础上细化，找出哪些部分高报了，哪些部分低报了，然后按照核实后的工程量进行详细计算，把施工预算定格在一个基数上。特别是关键设备及材料、贵重设备及材料必须核实并经有实践经验的人审核后准确报价。工程量的核算同样必须经预算人员复核，然后确定预算额。在工程进行中，要及时将由于设计变更、建设单位增减项及实际工程变化而变化了的工程量补充到预算中去，使工程预算能较准确地反映出整个工程的实际工程量。

施工预算是企业经济核算的基础，是盈亏的重要依据，企业必须加强预算人员的培训，提高他们的能力、素质，确保企业利润的实现。

四、材料清单计划

材料清单计划与施工预算是相辅相成的，也是成本核算的主要依据。材料清单计划应由材料人员按实际施工图、设计变更、增项等详细计算，并按预算定额留有余量，然后由其他材料人员复核。同时，材料清单计划必须超前于进度计划制订，紧缺材料须有三个进货渠道，以免延误工期。因此，编制材料清单计划时必须按进度计划确定到货日期。任何安装工程均不得因材料未到而停工待料，否则将会造成重大的损失。

五、机具计划

除定额中规定的机具以外，还有很多工程中常用的机具。因此，相关人员在编制机具计划时必须考虑周全，一般应由项目经理主持。施工机具计划也必须超前于进度计划制订。另外，编制施工机具计划的同时，应制定机具维护保养方面的管理制度。

六、人力计划及技术力量的配备

人力计划和技术力量的配备是施工组织的中心议题，一些管理者或项目经理往往由于用人不当或缺乏用人经验，导致工程进度和质量受到不良影响。在电气工程项目进展中，必须充分重视人力计划和技术力量的配备。

人力计划是以工程量参照劳动定额编制的，为了节约成本，其原则是能用普工就不用技工，能用低一级的技工就不用高一级的技工。人数的多少应按劳动定额计算，进行估算时应由具有实践经验且多年从事该项工作的管理人员估算。

技术力量的配备是按工程及其设备安装的难易程度而定的，为了保证工程的质量、安全、进度及投资效益，一般条件下应选择高素质的技术人员参与工程。

七、设备清单及到货计划

工程合同中应彻底分清哪些设备由建设单位提供，哪些设备由安装单位提供，以免互相推诿。哪方有困难必须提前（紧缺设备应三个月内）告知。设备的到货计划必须超前于进度计划制订，给检测、试验留有充分的空间。其他与材料清单计划相同。

八、质量计划

质量计划是按工程合同约定的质量目标或安装企业预想的质量目标制订的。质量计划的制订就是将这些质量目标逐步分解到分部、分项及单位工程中去，用分部工程的质量保证分项工程的质量，用分项工程的质量保证单位工程的质量。在制定安装工艺程序时，分部、分项工程要提出质量要求，并由专职质量检查员依据相关制度来进行检查，保证分部、分项工程的质量。另外，还应对机具、人员技术素质、材料质量提出相应的要求，以保证质量目标的实现。质量是电气工程企业的生命之本，管理者必须将其列为工作的重中之重。

九、环境管理方案

环境管理方案是按国家环保标准和当地环保部门对施工现场环境保护的要求制定的。环境管理方案主要是对施工现场易污染环境的油品、废料、污水（生活和生产）、有害气体、固体废弃物、噪声、灰尘、烟尘等进行治理和清除的办法和制度。环境保护问题往往被人忽视，电气工程企业管理者和项目经理有义务宣传环境保护意识并加强这方面的治理，以保护环境。

十、安全管理方案

安全管理方案是按照建设部门安全条例和当地安全主管部门对施工现场安全生产的要求制定的。安全管理方案主要是对施工现场有碍安全生产的各种不安全因素进行提前防护，设置安全装置及设施，制定安全管理制度和相应的安全操作规程。施工现场不安全因素主要有高空坠落、物体打击、漏电、触电、危险品、易燃易爆品、塌方、塌陷等。安全生产已被列入考核企业的主要指标之一，电气工程企业管理者和项目经理必须在这方面下大力气，增加投入，确保安全生产。

十一、管理机构设置及技术人员的配备

一个好的项目班子，一个好的施工管理机构，再配备一个由技术过硬且实践经验丰富的技术人员组成的后盾，就已经决定了这项工程的前景是美好的。其中，人是起决定作用的因素。因此，电气工程企业在确定项目班子人选的时候，应选用那些对工作认真负责、兢兢业业，对技术精益求精、一丝不苟，对同志满腔热忱、关怀备至，有责任心、有事业心的人，并由其组建项目班子，设置管理机构，选用技术人员。这样就奠定了这项工程成功的基础。机构的设置和人员的配备要少而精，要一专多能。电气工程企业的管理者必须学会用人，懂得怎样用人。知道什么人可用，什么人不可用，什么人可重用，什么人不可重用，并且要敢于用比自己能力强的人。同时要敢于给这些人发展的机会，提供发展的条件。

十二、施工所用标准、规范及规程

电气工程企业项目经理及其技术人员应收集并熟悉各项工程所用到的国家、部委、省地相关安装、调试、安全、质量的标准、规范及规程，应将其重要条款宣贯到作业层，使现场人人的作业行为有约束、有标准、有规范，以确保工程进展顺利。

十三、现场条件

开工前、开工后，电气工程企业项目经理及技术人员必须熟悉现场的安装条件和变化情况，做到心中有数。现场条件主要有土建进度、道路、供电、供水、供气、空地、特殊环境、危险爆炸场所、地理气候环境、风土人情等，相关人员应按现场条件调整进度计划或作业方案等，做到千变万化全在心中，工程进度了如指掌，保证工程进展顺利。

十四、现场应急预案和参加保险

施工现场的情况千变万化，随时都有发生意外的可能，一名优秀的项目经理或技术管理人员应该做到临危不惧。为了保证工程顺利进行，必须做到两点：一是要编制现场应急预案，二是要参加保险。

现场应急预案主要是针对重大质量、安全、环境事故发生时临时应急的处理方案，有了该方案做保障，相关人员不至于手忙脚乱、无所适从，而是可以有秩序、有方法地处理问题，并等候救援人员的到来。

参加保险主要是对现场施工人员而言的，电气工程企业管理者和项目经理应积极为其投保，确保发生意外时将损失降到最低。对于工程难度较大、危险系数或风险较大的工程，应考虑为整个工程施工投保。

十五、沟通与策划

沟通的内容很多，有内有外。外部有与兄弟单位、设计单位、建设单位、监理单位、上级部主管部门、当地政府及管理单位、当地农民、当地服务单位的沟通等。内部有上下沟通、班组沟通、专业沟通、工种与工种沟通等。沟通的目的是彼此相互信任、相互理解、相互帮助，以利于工程进展。

策划的内容更多，其实前面讲述的就是一项工程的总体策划，这些事情都想到了、做好了，并且万无一失，那么工程也就万无一失了。

电气工程或自动化项目的安装调试是复杂的系统工程，只有当上述条件都具备后才能开工进行安装调试工作，并严格执行相关技术规程。

第二节　电气工程及其自动化项目的安装调试要点

电气工程及其自动化项目的安装调试是项目中最重要的环节，一是要完成工程设计图中的项目，同时在这个过程中还要不断纠正设计的不妥；二是要把高质量的工程交予建设单位，以确保系统的安全运行。安装调试是设计与运行之间的桥梁，是电气工程及其自动化项目的核心技术。

一、电气工程及其自动化项目正常运行的重要因素

当前，无论是工业建筑还是民用建筑，其功能的实现主要依靠电气系统的正常运行，电气系统的任何一个环节的正常运行，像变压器、备用发电机组、配电系统、电动机和电梯及其控制系统、检测系统、照明系统、防雷与接地系统、空调机组、自动化仪表及装置、微机系统、各类报警系统、通信广播系统等，都在建筑物、构筑物功能的实现中发挥着至关重要的作用。保证电气工程正常运行的因素主要如下。

第一，电气工程的正常运行取决于电气工程的设计。电气工程的设计应符合国家现行的有关标准、规程、规范、规定；应采用新技术、新材料、新设备，并具有可靠性和先进性，能节省开支、节约能源，以及适当考虑近年内容量的增加，考虑安装和维修的便捷；主体设计方案及线路和主要设备应具有准确性、可靠性、安全性及稳定性；电气工程的设计单位必须是国家承认的已备案的，拥有和工程规模相匹配的设计资质证书的单位，设计者必须是具有相当技术资格的专业技术人员；对于重点、大型或特殊工程应了解设计单位的技术状况。

第二，电气工程的正常运行取决于电气产品的质量。一方面，电气

产品应工作可靠，满足负载的需要，做到动作准确，正常操作下不发生误动作，并按设定和调试的要求可靠工作，稳定运行，能抵抗外来干扰并适应工作环境；事故情况下能准确可靠动作，切断事故回路，并有适当的延时性。电气产品质量的保证主要取决于设计选择的准确性：一是要求设计者精确计算、合理选择并进行校验；二是要根据实际使用经验和条件，准确选定电气产品的规格型号，对于指定厂家的产品更要精心选定。另一方面，电气产品的质量取决于订货、购置以及运输保管等环节，要杜绝假冒伪劣产品混入电气工程之中。对于关键部位或贵重部件，应有制造厂家电气产品的生产制造许可证、安装维护使用说明书以及合格证等资料；一般部件应有说明书和合格证，并按产品要求进行运输和保管。近年来的安装经验表明，防伪技术的应用在电气安装工程中尤为重要，必要时应从厂家直接进货，防止伪劣产品混入工程之中。

第三，电气工程的正常运行取决于安装的质量。电气安装工程的质量应符合国家现行的规程、规范及标准，应采用成熟的、先进的安装工艺及操作方法，并用准确的仪器仪表进行测试和调试。电气安装人员应具备高度的责任感，掌握电气工程安装技术及基本专业操作技术，掌握电子技术、微机及自动控制技术、自动检测技术，注意新设备、新工艺、新技术、新材料的动态，并尽快掌握和应用，以适应电工技术的发展。为了保证安装质量和实现设计者的意图，电气安装人员要对施工图样进行全面审阅和核算，对于发现的问题和建设性意见要通过设计进行变更，达成一致性意见，进而修改设计或重新设计。安装和设计应互相监督，互相促进，互相学习，确保良好协作关系，不断提高技术水平和管理水平，保证工程质量，保证电气工程的正常运行。

第四，电气工程的正常运行取决于正常的操作、维护以及定期的保养、检修。这项工作是工程交工后由建设单位进行的，工程交工时安装人员应向建设单位交付成套的安装技术资料，如竣工图、安装记录、调试报告、隐蔽工程记录、设备验收记录等。此外，还要写出详细的操作程序及方法、注意事项，并示范于建设单位的运行人员，使建设单位的运行人员掌握系统的基本功能和操作要领，必要时要带领建设单位的运行人员进行试运行。单机试车或联动试车都必须有建设单位的人员参加，并一一交代清楚，回答他们提出的问题，划清责任范围，并签字认可，以便在试车过程或运行当中发生事故时，能够分清责任界限。

电气工程安装人员是电气工程推进过程中承前启后、传递技术的特殊队伍，他们既要监督修改设计中的不足或缺陷、并经安装后使之成为合格的产品，又要将工程的性能、特点、操作方法、技术要领、注意事项、维修要点等技术传递给建设单位。可以说，安装调试是电气工程及其自动化项目正常运行的重要因素。

任何一个工程设计的成功与否都必须经过安装和运行才能证明，并且只有这个途径才能证明，而设计者也只能通过安装和运行的结果来修改设计或改进今后的设计工作，提高设计水平。同时也给重理论、轻实践，重设计、轻施工的人一个良好的启迪：理论指导实践，实践验证理论，几经反复循环，并深入实践之中，取得技术的真谛，积累丰富的实践经验，才能立于不败之地。

综上所述，可以清楚地看出安装是保证电气工程正常运行的关键环节，由此对安装人员的素质提出了更高的要求。但是，一项工程是一个系统的整体，安装人员必须和建设单位、设计单位、土建、设备等其他专业人员团结协作，统筹安排，避免冲突，减少浪费，才能保证工程质量。

二、完成电气工程及其自动化项目的必要条件

（一）电气安装调试人员的技术素质、技能和职业道德

1. 电气安装技术人员（或工人）应具备的技术素质和技能

第一，掌握电工技术、电子技术、检测技术及自动控制调节原理等基础理论知识，了解计算机工作原理、硬件系统及数据采集方法等。熟悉电气工程中的有关标准、规程、规范和规定。

第二，掌握常用电机（包括直流电动机、多速电动机、交流转差电动机、高压大型交流电动机、同步电动机、中小容量的交流发电机组等）的起动控制方法、调速和制动原理、常规控制电路及系统的安装调试方法；掌握各类电动机绕组的接线方法、修理方法及电动机的测试方法，能排除系统故障、处理事故、解决安装调试运行中的问题；掌握大型电机的安装

调整及其控制系统保护装置的安装调试方法；掌握大型电机的抽芯方法并按标准检测；掌握单台或多台电机联动系统中复杂的继电器－接触器控制系统和晶闸管－电子电路控制系统及程序控制、数字控制系统的安装调试和复杂的电气传动自动控制系统的安装调试技术；主持大型电气工程联动试车，并配合生产工艺流程调试自动化仪表投入运行；编制试车运行方案，指导试车，处理和判断试车中的故障，保证试车顺利进行。

第三，掌握照明电路和各类灯具的控制线路及安装技术。

第四，掌握 110 kV 及以下输变配电系统的安装技术和调试方法。输电系统是指架空线路和电力电缆线路（包括大跨越、特殊环境、特殊电缆），掌握架空线路测量架设技术和电杆电缆的运输方法，掌握各类电缆的敷设和电缆头的制作方法。变电系统是指变压器（容量不限）和附件以及各种高压开关元件、备用电源、发电机机组、交流静态不间断电源装置（UPS），掌握其安装调试技术和测试方法，掌握变压器及大型重型器件的运输、吊装方法和吊芯检查。配电系统是指高低压配电柜、断路器、熔断器及回路的分配、电能的计量、继电保护装置等，掌握其安装调试技术及继电保护的整定、校验，掌握大型母线的预制安装和电容器组、柜的安装，掌握输变配电系统的调试技术，主持系统送电、停电及试运行并排除故障、处理事故，解决技术问题，并编制送电及试运行方案。

第五，掌握防雷和接地系统的安装和测试技术。

第六，掌握常用电梯的安装技术及调试方法，排除故障、处理事故。

第七，掌握弱电系统的安装技术和调试方法，弱电系统一般包括通信广播、电缆电视、防盗报警、火灾报警及自动消防、微机监控及管理系统等。

第八，掌握常用仪表的安装技术和测试方法及系统调试技术，常用的包括温度、压力、流量、物位、成分分析、机械量测量等仪表；掌握自动调节系统的安装调试技术及故障排除、仪表和自控系统的投入；掌握电工仪表的使用方法和维护保养，包括示波器、交流电桥等。

第九，熟悉各种电气工程图样，能看懂复杂的自动控制、自动调节的原理图；熟悉电气管路的敷设方法和要求；熟悉常用电器的安装方式、标高、位置；熟悉电气工程和弱电系统的计算方法；掌握常用电气设备元件的选择方法及经验公式,具有发现图中不妥之处的能力。

第十,掌握施工图预算编制方法和技巧,编制预算书,熟悉定额及使用方法和取费标准及政府部门的有关工程的政策法令;掌握材料单的编制方法,熟悉材料消耗定额及使用方法。

第十一,掌握电气工程施工组织设计的编制方法和技巧;熟悉施工管理方法,确定施工方案和施工现场平面布置,编制物资、设备、材料供应计划及物资管理;熟悉安装工艺和工序,掌握工程量的计算和工程进度,熟悉工程关键部位和难度较大的工艺工序,熟悉工程中技工及劳力调配,熟练掌握劳动定额,合理有效地分配人员安排班组作业计划,组织施工。

第十二,熟练掌握电气安全操作规程,熟悉电工安全用具、防护用品的使用和检验周期标准,掌握触电急救护理及电气火灾消防方法,针对具体工程进行安全交底及布置防护技术措施,保证安全施工。

第十三,掌握电气工程中金工件、线路金具的加工和较复杂的控制柜、开关柜的制作工艺方法、标准,并掌握其元件测试和整机调试;掌握钣金工艺,熟悉电气二次回路的装配和工艺守则,使产品标准化、系列化。

第十四,熟悉土建工程结构和土建基础知识,了解管道、设备等其他专业基础知识;能在安装过程中配合协调,并配合土建工程预埋敷设管路、箱、盒,做到不漏、不错;熟悉焊工、钳工、起重工的操作方法。

第十五,掌握特殊场所电气工程的安装调试技术,熟悉特殊场所的规程、规范、标准及分区界限,掌握特殊场所安全技术规程。

第十六,掌握电工器材市场动态和技术经济信息及新工艺、新技术、新材料、新设备的性能及应用;能够向用户传授操作技能,讲述本专业技术和知识。

第十七,熟练掌握微机技术及其相关的微机型继电保护及自动装置的安装调试技术,熟练掌握微机型检测试验仪器仪表的使用。

第十八,收集电气工程各种技术资料、参数和已完工程的资料,主持电气工程质量鉴定工作,提供资料和数据等。

上述技术素质和技能的具备并非一日之功,而是经过不断学习和深入实践积累所得。作为一名电气安装技术人员，不但要学习书本上的知识，而且要在实践中学习别人的长处，一方面弥补自己的不足，另一方面验证自己已掌握的技术、技能正确与否。只有这样，才能成为一名优秀的电气安装技术人员。

综上所述，电气工程安装调试技术是一门专业性强、技术复杂、知识和技术涉及面深而广的综合性技术，它不同于工厂企业电气维修及运行，不同于发电供电部门的电力运行维护，不同于电气工程设计，又不同于电工基础理论及教学，它是一门单独的学科，我们可以把它叫作电气工程学。

2. 电气安装调试人员应具有的职业道德

第一，热爱电工这个职业，有事业心，有责任心，并愿为之付出自己所有的精力和智慧。

第二，对技术精益求精，一丝不苟，在实践中不断学习进取，提高技术技能，在理论上不断充实自己。

第三，对工作认真负责，兢兢业业，做到测试和接线准确无误，连接紧密可靠，做到滴水不漏、严丝合缝。

第四，当感到自己不能胜任工作时，虚心向他人或书本求教，做到不耻下问，严禁胡干、蛮干，杜绝敷衍了事。

第五，工作干净利落，美观整洁，作业完毕后清理现场，及时将遗留杂物清理干净，避免污染环境，杜绝妨碍他人作业。

第六，在任何时候、任何地点、任何情况下，安装调试工作都必须遵守安全操作规程，设置安全措施，保证设备、线路、人员和自身的安全。时刻做到质量在我手中，安全在我心中。

第七，运行维护保养必须做到"勤"，要防微杜渐，巡视检查，对线路及设备的每一部分、每一参数都要勤检、勤测、勤校、勤查、勤扫、勤紧、勤修，把事故、故障消灭在萌芽状态。要制定巡检周期，当天气恶劣、负荷增加时要增加或加强巡视检查。

第八，运行维护保养修理的过程中必须做到"严"，要严格要求，严格执行操作规程、试验标准、作业标准、质量标准、管理制度及各种规程、规范及标准，严禁粗制滥造，杜绝假冒伪劣电工产品进入维修工程。

第九，对用户诚信为本、终身负责、热情耐心、不卑不亢。进入用户地点作业时必须遵守用户的管理制度，做好质量、工期、环保、安全工作。

第十，积极宣传指导用电、节电技术，制止用电中的不当行为。

第十一，作业前、作业中严禁饮酒。

第十二，作业中要节约每一根导线、每一颗螺钉、每一个垫片、每一团胶布，严禁大手大脚，杜绝铺张浪费。不得以任何形式或理由将电气设备及其附件、材料、元件、工具、电工配件赠予他人或归为己有。

第十三，凡自己使用的电气设备、材料、元件及其他物件，使用前应认真核实其使用说明书、合格证、生产制造许可证，必要时要进行通电测试或检测，杜绝假冒伪劣产品混入电气系统。

第十四，凡是自己参与维修、安装、调试的较大项目，应建立相应的技术档案，记录相关数据和关键部位的内容，做到心中有数，并按周期回访、掌握设备的动态。

第十五，认真学习电气工程安全技术，并将其贯彻于维修、安装、调试整个过程中去，对用户、设备及线路的安全运行负责。

（二）保证电气工程安装调试质量、安全、进度、投资的手段和方法

工程建设项目的主要指标是质量、安全、进度、投资。质量是建设项目的中心，百年大计，质量第一，而安全则是保障建设项目顺利进行的手段，是保证质量的首要条件。工程质量和安全生产在工程建设中有着举足轻重的地位，同时两者又具有内在的不可分割的联系，这是每个安装施工企业和每个参与工程建设项目的人员不可忽视的。怎样才能保证工程质量、保证安全生产，维护质量和安全之间的这种联系呢？这是安装企业和安装人员都要遇到的而且是必须解决的问题。实践证明，建立企业的质量保证体系和安全保证体系，能够很好地解决上述难题。进度是工程合同的重要条款，在保证质量和安全的前提下，只有保证进度，才能按照合同条款交付优良工程。投资是企业保证效益的根本手段，在保证质量、安全、进度的前提下，最大限度地节约成本是企业发展的基本手段。

1. 安装工程质量保证体系

质量保证体系是一个单位或一个系统为了保证产品或作业的质量、保障工艺程序正常进行，对质量工作实行全面管理和系统分析而建立的一种科学管理网络，它不是机械管理的滞后体系，而是一个动态的、超前的、全面的、系统的质量保证体系。

安装工程质量保证体系的主要内容及作用如下。

（1）任务

根据生产工艺的特点、程序，从每个影响质量的因素出发，实行生产工艺及产品的中间检测及控制或超前控制，加强质量检查监督，保证产品的生产或安装质量，进而达到计划的质量等级。

（2）体系的组成

质量保证体系一般由五个支系统组成，即由总工程师主持的质量监督管理系统、由总工程师和质量保证工程师主持的质量保证系统、由主管生产厂长（经理）主持的生产作业系统及物资供应系统、由主管劳动调配厂长（经理）主持的劳动管理系统。这五个支系统有着密切的联系，共同保证体系的正常运行。

（3）中心环节

生产作业系统是保证质量的中心环节，是工程质量的制造系统。安装工程是生产工人用技术技能、机具设备按照国家工程的标准规范进行作业而逐步完成的。安装工艺过程中，质量保证系统和监督管理系统要进行检测和控制，并形成循环反馈系统，直至达到质量计划等级。

（4）保证中心环节的条件

首先是要建立一支由生产一线工人组成的质量信息管理系统，也就是说生产一线工人要树立自我质量意识并参与质量管理及其信息反馈，把生产细节当中不利于提高质量的因素（人及技能、材料、工艺操作规程、工具设备等）及时反映出来，做到超前控制，将质量事故倾向及隐患消灭在形成事实以前，这是一个动态的过程。其次是物资供应系统，所提供的物资必须保证质量、保证到货日期、不得使假冒伪劣产品进入工地。同时在保证质量和货期的条件下，尽可能地降低物资的价格。

（5）全面质量管理

企业实行全面质量管理，每个人的工作行为都与工程质量有关。

（6）安装技术技能培训

提高所有工作人员及工人的技术技能、业务素质，保障质量保证系统的正常运行。

（7）质量事故分析及处理

质量事故发生后要在 24 h 内反馈到各有关部门，并分析影响工程质量的环节，从中找出事故原因，然后用中心环节的手段修复，以达到质量计划等级。对涉及的人和事要进行严肃处理。

（8）制定应急预案

制定应急预案的目的是及时处理重大质量事故。平时应对应急人员和预案进行演练，一旦发生事故，能确保工程顺利进行并维持工程质量。电气工程安装质量是整个工程的重要组成部分，是建设项目功能实现的基本保证。

2. 安装工程安全保证体系

安装工程安全保证体系的主要内容及作用如下。

（1）任务

根据生产工艺的特点、程序，从每个影响安全的因素出发，进行安全预防和超前预测，加强安全检查监督管理，保障安全生产，保障作业人员和设施的安全。

（2）体系组成

安全保证体系一般由四个支系统组成，即由总工程师主持的安全管理监督系统、由主管生产厂长（经理）主持的安全生产作业系统、由工会主持的劳动保护监督系统、由主管劳动调配厂长（经理）主持的劳动管理系统。另外，还有两个辅助系统，即由主管财务工作的厂长（经理）或总会计师、总经济师负责的安全技术措施经费和由生产厂长（经理）负责的物资供应系统。这几个子系统有着密切的联系，这些联系共同保证系统的安全工作能正常进行。

（3）中心环节

安全生产系统是安全的中心环节，生产作业工人及与生产相关的各类工作人员在生产过程中，要全面贯彻安全法规、规程、细则，执行安全制度、操作规程及安全技术措施。生产作业过程中，要对安全管理监督系统和安全保证系统进行检测和控制，配以安全防护用品，建立安全信息管理系统，如发现事故倾向和隐患应及时反馈并进行分析处理，做到超前控制和预防，形成循环的反馈网络，保障生产、设施及作业工人的安全。

安全信息管理系统是将生产作业中的不安全因素（人、防护措施及用品、安全操作规程、工具设备、作业环境、安全技术措施等）全部反映出来，做到超前控制，将事故倾向及隐患消灭在形成事实之前，这是一个动态的过程。此外，物资系统提供的安全防护用品、作业机具设备必须是合格品。

（4）全面安全管理

每个人的工作行为都与安全有关，企业应实行全面安全管理，进行全员安全教育。

（5）安全技术培训

企业应提高所有工作人员的安全技术水平及自我保护意识，保障安全保证体系的运行。

（6）安全事故分析及处理

安全事故发生后要在 1 h 内反馈到各有关部门并分析影响安全的环节，从中找出事故原因加以解决。企业要通过每个细小事故教育所有工作人员，及时修订安全措施及安全操作规程，对事故的直接责任者要进行严肃处理。

（7）制定应急预案

发生严重漏电、触电、漏水、塌方、煤气泄漏、火灾、爆炸等事故时，应启动应急预案，及时处理重大安全事故。平时应对应急人员和预案进行演练，一旦发生重大安全事故，能够及时处理，确保工程顺利进行，减少伤亡和损失。

3. 保证工期进度的基本点

第一，按工期总进度计划，详细排出每个分项工程的月进度、周进度、日进度，除不可抗拒的自然原因外，凡每日、每周未完成的工作量必须在第二天、第二周补齐，并分析原因，采取相应措施，保证月进度圆满完成，同时在以后的工作日（周）内，保证完成工作量。

第二，为了保证工期进度，严把材料、设备检验检测关，杜绝假冒伪劣产品进入安装工程。任何时候都不能因材料设备质量问题而影响工期。

第三，为了保证工期进度，应合理建立专业班组，形成流水作业，一方面保证工期进度，另一方面保证工程质量。

第四，合理增加作业班次、作业人数、作业机具设备，并统筹安排。

第五，合理进行并行作业，增加开工面，只要具备开工条件，就安排班组进入现场。

第六，协调好各班组间及与兄弟单位间的关系，齐心协力。同时做好后勤工作，安排好饮食住行，激发施工人员的工作积极性。

第七，全力保证关键部位、关键路线、隐蔽工程、贵重设备的安装和试验，以免返工。

第八，工期紧迫时，可进行交叉作业。交叉作业时必须做好施工方案，特别是安全条款必须明确责任、划清范围、协调沟通。

第九，调整供应计划，畅通供应渠道，必要时紧缺物资应由多个渠道供应，确保供应渠道畅通。

第十，选调精兵强将，合理调配劳力，强化项目班子建设。关键部位、关键路线、隐蔽工程、贵重设备、材料供应、设备到货、安全管理、班组人选、管理人员等必须由得力人选负责。同时在工程实施中及时发现问题，随时纠正，做到小事不过夜，大事不过周，并随时调换不称职人员。做到全体齐心协力，确保工期。

4. 确保投资的基本点

第一，按工期总进度计划、月进度计划、周进度计划、日进度计划，详细排出设备材料供应计划和到货日期，杜绝二次搬运及二次供货。

第二，做好设备材料供应工作，做到货比三家，询价到位，价格合理，质量优良，杜绝在材料设备供应上出现以次充好，以假乱真，高估冒算，收受回扣的情况。做到货真价实，买卖公平。

第三，精心、细致编写并确定施工方案和工艺程序，争取一次安装调试成功，杜绝返工。

第四，做好现场物资管理工作，随时清理收回余料，及时收回工具，严格执行物资借用、发放、保管、维修制度。

第五，选派认真负责、大公无私、经验丰富的物资管理人员管理物资，做到层层把关，人人负责。

第六，教育现场施工人员，做到人人尽心尽责，事事节约为先。

第七，开工前精心策划投资方案，确定每个分部工程的工时和物资材料供应计划，同时在工程中按照实际情况调整，紧了的要减，宽了的要加，让施工人员心服口服。

第八，做好施工人员的后勤服务工作。

第九，精选核算员、会计员、统计员、施工管理员，深入现场及时发现问题，及时纠正。

三、电气工程安装调试的特点

（一）安全性强

所谓安全是指人身（安装人员、运行人员、使用人员以及电气设备现场的其他人员）和设备的安全。我们一直把"安全第一"作为电气工程的首要原则，并制定了一系列电气工程安装操作规程，以保证安全施工。一是工程必须按规程、规范、标准及设计进行安装；二是电气设备元件材料的绝缘程度、载流能力应符合设计要求；三是严格按操作规程安装；四是学会触电急救；五是防雷接地系统良好；六是掌握电气火灾消防技术，落实预防电气火灾的措施；七是全员进行安全教育，人人树立"安全第一"的思想。

电气事故的发生往往会造成大面积停电，设备毁坏，造成经济损失，甚至造成人员伤亡。因此，安装人员必须牢固树立"安全第一"的思想，杜绝电气事故的发生，保证安全生产。另外，对于建筑物或装置的防火、防爆、防雷等级和设施要严格把关。

（二）专业理论性强

电气技术发展至今已形成一套完整、严密、科学、系统的理论体系，并且随着新技术的不断出现，该体系日趋深广，难度也越来越大。作为安装人员应具备如前所述的技术技能，并用理论指导实践工作，进而验证理论的正确性。特别是电气调试工作更应密切结合理论，如交流调速系统、复杂自动控制系统和逻辑控制系统的投入等。

（三）安装技术难度高

电气工程本身就是一项理论性很强、以实践为主的综合性技术，对基础理论和操作技术技能的要求很高。由于电工技术、电子技术发展很快，新技术、新设备、新材料、新工艺不断出现，电气工程安装技术的难度和复杂程度也越来越高。主要表现在以下几个方面。

第一，输变配电系统的继电保护和系统的调试，大型电气设备的运输和吊装，大跨越或特殊环境架空电力线路的施工及大容量电机的安装和调试。

第二，动力系统的自动控制、信号检测、自动调节及自动化仪表的调试投入，电动机调速和电梯控制系统。

第三，要求较高或特殊场所的电气照明工程和数显系统。

第四，火灾报警、防盗报警、微机管理及控制等弱电系统工程。

（四）施工现场条件局限性大

施工现场条件的局限性导致了电气工程的复杂化，要求安装人员有应变能力，在复杂的特定环境中，尽快熟悉现场，安排生产，组织施工，根据现场条件确定施工方案、安装方法及注意事项。此外，电气工程的部分工作是在其他专业配合或间时进行的，交叉作业中要搞好配合协作，尽量减少由于施工环境造成的不利影响。

（五）涉及专业面广

电气工程安装中除本专业技术技能外，经常涉及机械（电梯、电动机、起重机械等安装）、焊接、钣金、建筑、吊装、运输、喷漆、装饰等作业，要求安装人员专业知识面广、操作技术技能兼备，以适应工程的需要。有时为了工作上的方便，又把电气安装工人分为内线电工、外线电工、电钳工、维修电工、电气调试工、仪表工等。另外，有时也把作业班组分成各个专业作业队。

（六）尽力节约电能

尽力节约电能是电气工程的主要特点，在设计时就得考虑电能的节约，在安装中要合理分配负载，力求三相负载的平衡，提高功率因数，杜绝"大马拉小车"，推行交流调速技术和变压器经济运行技术，推广新型节能电动机、设备及新光源、新灯具及其他节能技术。

（七）系统性、严密性、可靠性、稳定性强

任何一项电气工程都是一项系统工程，都是由电源、用电器、控制电路及检测电路、调节电路、辅助设施等组成的。每个环节和每个环节之间都有着严密的逻辑关系，每个环节的可靠性和稳定性保证着系统的可靠性和稳定性，任何一个环节的疏忽和错误都会导致系统发生事故，往往一个螺钉、一个接头、一段导线都会影响到整个系统的运行。只有保证每个环节、环节和环节间输入输出信号或参数的正确、可靠和稳定，才能保证系统工作的可靠和稳定。因此，电气安装工程是一项细致的工作。

（八）政策性、法令性强，规程、规范、标准多

一项工程（包括工程中的电气系统）从立项、论证、设计、安装、调试直到竣工运行的整个过程，应完全贯穿着国家的政策、法令以及各种规程、规范、标准，在每个工作过程中必须严格遵守、执行有关规程、规范、标准及政策、法令，否则将会给工程带来不同程度的影响，有的还会造成重大影响。电气工程应根据其类别的不同执行不同的标准和规范，如国家及各个部委颁发的各种标准，当无合适的标准时应执行国家标准或相近的专业标准，杜绝无标准、无规范施工。

目前，我国有关电气标准、规范、规程有150多种，使用较多的有国家标准、电力标准、机械标准、建设部标准、化工标准、广播电视部标准、冶金标准、公安部标准等。

有些电气工程已进入法制管理，其安装工作必须取得资质证书，如电梯安装、共用电视无线系统安装、火灾报警及消防系统安装、防盗报警系统安装、通信系统安装、35 kV 及以上输变配电工程安装等。其资质的认可一般由部或省组织有关专家对其申请企业进行技术考核，设备

论证、产品（包括工程实例）检验或检定，审查有关标准及技术文件等，有的小型安装工程则授权县（市）劳动部门进行资质审核，合格后发给资质证书，从而保证工程质量和安全。

四、电气工程安装调试技术质量总体要求

（一）一般规定

第一，电气安装工程施工现场的质量技术管理，除应符合现行国家标准《建筑工程施工质量验收统一标准》（GB 50300—2013）和电气装置安装工程施工验收规范的规定外，尚应符合下列规定：①安装电工、焊工、起重吊装工和电气调试人员等，按有关要求持证上岗。②安装和调试用各类计量器具，应检定合格，使用时应在有效期内。

第二，除设计要求外，承力建筑钢结构构件上，不得采用熔焊连接固定电气线路、设备和器具的支架、螺栓等部件，并且严禁热加工开孔。

第三，额定电压交流 1 kV 及以下、直流 1.5 kV 及以下的为低压电气设备、器具和材料；额定电压大于交流 1 kV、直流 1.5 kV 的为高压电器设备、器具和材料。

第四，电气设备计量仪表和与电气保护有关的仪表应检定合格，其投入试运行应在有效期内。

第五，电气动力工程的空载试运行和电气照明工程的负荷试运行，应按规范规定执行；电气动力工程的负荷试运行，应依据电气设备及相关设备的种类、特性，编制试运行方案或作业指导书，并经施工单位审查批准、监理单位确认后执行。

第六，动力和照明工程的漏电保护装置应做模拟动作试验。

第七，接地（PE）或接零（PEN）支线必须单独与接地（PE）或接零（PEN）干线相连接，不得串联连接。

第八，高压电气设备和布线系统及继电保护系统的交接试验，必须符合现行国家标准《电气装置安装工程电气设备交接试验标准》（GB 50150—2016）的规定。

第九，低压电气设备和布线系统的交接试验，应符合《建筑电气工

程施工质量验收规范》（GB 50303—2015）的规定。

第十，送至建筑智能化工程变送器的电量信号精度等级应符合设计要求，状态信号应正确；接收建筑智能化工程的指令应使建筑电气工程的自动开关动作符合指令要求，且手动、自动切换功能正常。

（二）主要设备、材料、成品和半成品进场验收

第一，主要设备、材料、成品和半成品进场检验结论应有记录，确认符合规范规定，才能在施工中应用。

第二，主要设备、材料、成品和半成品因有异议送往具有资质的试验室进行抽样检测，试验室应出具检测报告，确认符合规范和相关技术标准规定后，才能在施工中应用。

第三，依法定程序批准进入市场的新电气设备、器具和材料进场验收，除符合规范规定外，应有 3C 认证证书，尚应提供安装、使用、维修和试验要求、型式试验报告等技术文件。

第四，进口电气设备、器具和材料进场验收，除符合规范规定外，尚应提供商检证明和中文的质量合格证明文件、规格、型号、性能检测报告以及中文的安装、使用、维修和试验要求等技术文件。

第五，经批准的免检产品或认定的名牌产品，当进场验收时，宜不做抽样检测。

第六，变压器、箱式变电所、高压电器及电瓷制品应符合下列规定：①查验合格证和随带技术文件，变压器有出厂试验记录。②外观检查时，有铭牌，附件齐全，绝缘件无缺损、裂纹，充油部分不渗漏，充气高压设备气压指示正常，涂层完整。

第七，高低压成套配电柜、蓄电池柜、不间断电源柜、控制柜（屏、台）及动力、照明配电箱（盘）应符合下列规定：①查验合格证和随带技术文件，实行生产许可证和安全认证制度的产品，有许可证编号和安全认证标志，不间断电源柜有出厂试验记录，技术文件包括型式试验报告。②外观检查时，有铭牌，柜内元器件无损坏丢失、接线无脱落脱焊，蓄电池柜内电池壳体无碎裂、漏液，充油、充气设备无泄漏，涂层完整，无明显碰撞凹陷。

第八，柴油发电机组应符合下列规定：①依据装箱单，核对主机、附件、专用工具、备品备件和随带技术文件，查验合格证和出厂试运行记录，发电机及其控制柜有出厂试验记录和型式试验报告。②外观检查时，有铭牌，机身无缺件，涂层完整。

第九，电动机、电加热器、电动执行机构和低压开关设备等应符合下列规定：①查验合格证和随带技术文件（包括型式试验报告），实行生产许可证和安全认证制度的产品，有许可证编号和安全认证标志。②外观检查时，有铭牌，附件齐全，电气接线端子完好，设备器件无缺损，涂层完整。

第十，照明灯具及附件应符合下列规定：①查验合格证，新型气体放电灯具有随带技术文件。②外观检查时，灯具涂层完整，无损伤，附件齐全。防爆灯具铭牌上有防爆标志和防爆合格证号，普通灯具有安全认证标志。③对成套灯具的绝缘电阻、内部接线等性能进行现场抽样检测。灯具的绝缘电阻值不小于 2 MΩ，内部接线为铜芯绝缘电线，芯线截面积不小于 0.5 mm²，橡胶或聚氯乙烯（PVC）绝缘电线的绝缘层厚度不小于 0.6 mm。对游泳池和类似场所灯具（水下灯及防水灯具）的密闭和绝缘性能有异议时，按批抽样并送有资质的试验室检测。

第十一，开关、插座、接线盒和风扇及其附件应符合下列规定：①查验合格证，防爆产品有防爆标志和防爆合格证号，实行安全认证制度的产品有安全认证标志。②外观检查时，开关、插座的面板及接线盒盒体完整、无碎裂、零件齐全，风扇无损坏，涂层完整，调速器等附件适配。③对开关、插座的电气和机械性能进行现场抽样检测。一是不同极性带电部件间的电气间隙和爬电距离不小于 3 mm；二是绝缘电阻值不小于 5 MΩ；三是用自攻锁紧螺钉或自切螺钉安装的，螺钉与软塑固定件旋合长度不小于 8 mm，软塑固定件在经受 10 次拧紧退出试验后，无松动或掉渣，螺钉及螺纹无损坏现象；四是金属间相旋合的螺钉螺母拧紧后完全退出，反复 5 次仍能正常使用。④对开关、插座、接线盒及其面板等塑料绝缘材料阻燃性能有异议时，按批抽样并送有资质的试验室检测。

第十二，电线、电缆。按批查验合格证，合格证有生产许可证编号，按《额定电压450/750 V及以下聚氯乙烯绝缘电缆》（T/LWB 018—2020）生产的产品有安全认证标志。外观检查时,应包装完好,抽检的电线绝缘层完整无损,厚度均匀。电缆无压扁、扭曲,铠装不松卷。耐热、阻燃的电线、电缆外护层有明显标识和制造厂标。按制造标准,现场抽样检测绝缘层厚度和圆形线芯的直径;线芯直径误差不大于标称直径的1%。对电线、电缆绝缘性能、导电性能和阻燃性能有异议时,按批抽样送有资质的试验室检测。

第十三,线缆导管应符合下列规定:①按批查验合格证。②外观检查时,钢导管无压扁、内壁光滑。非镀锌钢导管无严重锈蚀,按制造标准油漆出厂的油漆完整;镀锌钢导管镀层覆盖完整、表面无锈斑;绝缘导管及配件不碎裂、表面有阻燃标记和制造厂标。

第十四,型钢和电焊条应符合下列规定:①按批查验合格证和材质证明书;有异议时,按批抽样并送有资质的试验室检测。②外观检查时,型钢表面无严重锈蚀,无过度扭曲、弯折变形;电焊条包装完整,拆包抽检,焊条尾部无锈斑。

第十五,镀锌制品（支架、横担、接地极、避雷用型钢等）和外线金具应符合下列规定:①按批查验合格证或镀锌厂出具的镀锌质量证明书。②外观检查时,镀锌层覆盖完整、表面无锈斑,金具配件齐全,无砂眼。③对镀锌质量有异议时,按批抽样并送有资质的试验室检测。

第十六,电缆桥架、线槽应符合下列规定:①查验合格证。②外观检查时,部件齐全,表面光滑、不变形;钢制桥架涂层完整,无锈蚀;玻璃钢制桥架色泽均匀,无破损碎裂;铝合金桥架涂层完整,无扭曲变形,不压扁,表面不划伤。

第十七,封闭母线、插接母线应符合下列规定:①查验合格证和随带安装技术文件。②外观检查时,防潮密封良好,各段编号标志清晰,附件齐全,外壳不变形,母线螺栓搭接面平整、镀层覆盖完整、无起皮和麻面;插接母线上的静触头无缺损、表面光滑、镀层完整。

第十八,裸母线、裸导线应符合下列规定:①查验合格证。②外观检查时,包装完好,裸母线平直,表面无明显划痕,测量厚度和宽度符合制造标准;裸导线表面无明显损伤,无松股、扭折和断股（线）,测量线径符合制造标准。

第十九，电缆头部件及接线端子应符合下列规定：①查验合格证。②外观检查时，部件齐全，表面无裂纹和气孔，随带的袋装涂料或填料不泄漏。

第二十，钢制灯柱应符合下列规定：①按批查验合格证。②外观检查时，涂层完整，根部接线盒盒盖紧固件和内置熔断器、开关等器件齐全，盒盖密封垫片完整。钢柱内设有专用接地螺栓，地脚螺孔位置按提供的附图尺寸，允许偏差为 ±2 mm。

第二十一，钢筋混凝土电杆和其他混凝土制品应符合下列规定：①按批查验合格证。②外观检查时，表面平整，无缺角露筋，每个制品表面有合格印记；钢筋混凝土电杆表面光滑，无纵向、横向裂纹，杆身平直，弯曲不大于杆长的1/1 000。

（三）工序交接确认和验证

第一，架空线路及杆上电气设备安装应按以下程序进行：①线路方向和杆位及拉线坑位测量埋桩后，经检查确认，才能挖掘杆坑和拉线坑。②杆坑、拉线坑的深度和坑型，经检查确认，才能立杆和埋设拉线盘。③杆上高压电气设备交接试验合格后，才能通电。④架空线路做绝缘检查，且经单相冲击试验合格后，才能通电。⑤架空线路的相位经检查确认后，才能与接户线连接。

第二，变压器、箱式变电所安装应按以下程序进行：①变压器、箱式变电所的基础验收合格，且对埋入基础的电线导管、电缆导管和变压器进、出线预留孔及相关预埋件进行检查，才能安装变压器、箱式变电所。②杆上变压器的支架紧固检查后，才能吊装变压器且就位固定。③变压器及接地装置交接试验合格后，才能通电。

第三，成套配电柜、控制柜（屏、台）和动力、照明配电箱（盘）安装应按以下程序进行：①埋设的基础型钢和柜、屏、台下的电缆沟等相关建筑物检查合格，才能安装柜、屏、台。②室内外落地动力配电箱的基础验收合格，且对埋入基础的电线导管、电缆导管进行检查，才能安装箱体。③墙上明装的动力、照明配电箱（盘）的预埋件（金属埋件、螺栓），在抹灰前预留和预埋；暗装的动力、照明配电箱的预留孔和动力、照明配线的线盒及电线导管等，经检查确认到位，才能安装配电箱（盘）。④接地（PE）或接零（PEN）连接完成后，核对柜、屏、台、箱、盘内的元件规格、型号，且交接试验合格，才能投入试运行。

第四，低压电动机、电加热器及电动执行机构应与机械设备完成连接，绝缘电阻测试合格，经手动操作符合工艺要求，才能接线。

第五，柴油发电机组安装应按以下程序进行：①基础验收合格，才能安装机组。②地脚螺栓固定的机组经初平、螺栓孔灌浆、精平、紧固地脚螺栓、二次灌浆等机械安装程序；安放式的机组将底部垫平、垫实。③油、气、水冷、风冷、烟气排放等系统和隔振防噪声设施安装完成；按设计要求配置的消防器材齐全到位；发电机静态试验、随机配电盘控制柜接线检查合格，才能空载试运行。④发电机空载试运行和试验调整合格后，才能加上负载试运行。⑤在规定时间内，连续无故障负载试运行合格，才能投入备用状态。

第六，不间断电源按产品技术要求进行试验调整，经检查确认后，才能接至馈电网路。

第七，低压电气动力设备试验和试运行应按以下程序进行：①设备的可接近裸露导体接地（PE）或接零（PEN）连接完成，经检查合格后，才能进行试验。②动力成套配电（控制）柜、屏、台、箱、盘的交流工频耐压试验和保护装置的动作试验合格后，才能通电。③控制回路模拟动作试验合格，通过盘车或手动操作，确保电气部分与机械部分的转动或动作协调一致，经检查确认后，才能空载试运行。

第八，裸母线、封闭母线、插接式母线安装应按以下程序进行：①变压器、高低压成套配电柜、穿墙套管及绝缘子等安装就位，经检查合格后，才能安装变压器和高低压成套配电柜的母线。②封闭、插接式母线安装，在结构封顶、室内底层地面施工完成或已确定地面标高、场地清理、层间距离复核后，才能确定支架设置位置。③与封闭、插接式母线安装位置有关的管道、空调及建筑装修工程施工基本结束，确认扫尾施工不会影响已安装的母线后，才能安装母线。④封闭、插接式母线每段母线组对接续前，绝缘电阻测试合格，绝缘电阻值大于 20 MΩ，才能安装组对。⑤母线支架和封闭、插接式母线的外壳接地（PE）或接零（PEN）连接完成，母线绝缘电阻测试和交流工频耐压试验合格后，才能通电。

第九，电缆桥架安装和桥架内电缆敷设应按以下程序进行：①测量定位，安装桥架的支架，经检查确认后，才能安装桥架。②桥架安装检查合格后，才能敷设电缆。③电缆敷设前绝缘测试合格后，才能敷设。④电缆电气交接试验合格，且对接线去向、相位和防火隔堵措施等进行检查确认后，才能通电。

第十，电缆在沟内、竖井内支架上敷设应按以下程序进行：①电缆沟、电缆竖井内的施工临时设施、模板及建筑废料等清除，测量定位后，才能安装支架。②电缆沟、电缆竖井内支架安装及电缆导管敷设结束，接地（PE）或接零（PEN）连接完成，经检查确认后，才能敷设电缆。③电缆敷设前绝缘测试合格，才能敷设。④电缆交接试验合格，且对接线去向、相位和防火隔堵措施等进行检查确认后，才能通电。

第十一，电线导管、电缆导管和线槽敷设应按以下程序进行：①除埋入混凝土中的非镀锌钢导管外壁不做防腐处理外，其他场所的非镀锌钢导管内外壁均做防腐处理，经检查确认后，才能配管。②室外直埋导管的路径、沟槽深度、宽度及垫层处理经检查确认后，才能埋设导管。③现浇混凝土板内配管应在底层钢筋绑扎完成后，上层钢筋未绑扎前敷设，经检查确认后，才能绑扎上层钢筋和浇捣混凝土。④现浇混凝土墙体内的钢筋网片绑扎完成，门、窗等位置已放线，经检查确认后，才能在墙体内配管。⑤被隐蔽的接线盒和导管在隐蔽前检查合格后，才能隐蔽。⑥在梁、板、柱等部位明配管的导管套管、埋件、支架等经检查合格后，才能配管。⑦吊顶上的灯位及电气器具位置先放样，且与土建及各专业施工单位商定后，才能在吊顶内配管。⑧顶棚和墙面的喷浆、油漆或壁纸等基本完成，才能敷设线槽、槽板。

第十二，电线、电缆穿管及线槽敷线应按以下程序进行：①接地（PE）或接零（PEN）及其他焊接施工完成，经检查确认后，才能穿入电线或电缆以及线槽内敷线。②与导管连接的柜、屏、台、箱、盘安装完成，管内积水及杂物清理干净，经检查确认后，才能穿入电线、电缆。③电缆穿管前绝缘测试合格，才能穿入导管。④电线、电缆交接试验合格，且对接线去向和相位等进行检查确认后，才能通电。

第十三，钢索配管的预埋件及预留孔，应预埋、预留完成；装修工程除地面外基本结束，才能吊装钢索及敷设线路。

第十四，电缆头制作和接线应按以下程序进行：①电缆连接位置、连接长度和绝缘测试经检查确认后，才能制作电缆头；电缆头制作后耐压试验必须合格，否则不得使用。②控制电缆绝缘电阻测试和校线合格后，才能接线。③电线、电缆交接试验和相位核对合格后，才能接线。

第十五，照明灯具安装应按以下程序进行：①安装灯具的预埋螺栓、吊杆和吊顶上嵌入式灯具安装专用骨架等完成安装，并按设计要求做承载试验合格后，才能安装灯具。②影响灯具安装的模板、脚手架拆除；顶棚和墙面喷浆、油漆或壁纸等及地面清理工作基本完成后，才能安装灯具。③导线绝缘测试合格后，才能给灯具接线。④高空安装的灯具，须在地面通断电试验合格后，才能进行安装。

第十六，在进行照明开关、插座、风扇安装时，吊扇的吊钩应预埋完成，电线绝缘测试应合格，顶棚和墙面的喷浆、油漆或壁纸等应基本完成。

第十七，照明系统的测试和通电试运行应按以下程序进行：①电线绝缘电阻测试前电线的接续完成。②照明箱（盘）、灯具、开关、插座的绝缘电阻测试在就位前或接线前完成。③备用电源或事故照明电源做空载自动投切试验前拆除负载，空载自动投切试验合格后，才能做有载自动投切试验。④电气器具及线路绝缘电阻测试合格后，才能通电试验。⑤照明全负荷试验必须在本条的①②④完成后进行。

第十八，接地装置安装应按以下程序进行：①建筑物基础接地体。底板钢筋敷设完成，按设计要求做接地施工，经检查确认后，才能支模或浇捣混凝土。②人工接地体。按设计要求位置开挖沟槽，经检查确认后，才能打入接地极和敷设地下接地干线。③接地模块。按设计位置开挖模块坑，并将地下接地干线引到模块上，经检查确认后，才能相互焊接。④装置隐蔽。检查验收且接地电阻合格后，才能覆土回填。

第十九，引下线安装应按以下程序进行：①利用建筑物柱内主筋作引下线，在柱内主筋绑扎后，按设计要求施工，经检查确认后，才能支模。②直接从基础接地体或人工接地体暗敷埋入粉刷层内的引下线，经检查确认不外露后，才能贴面砖或刷涂料等。③直接从基础接地体或人工接地体引出明敷的引下线，先埋设或安装支架，经检查确认后，才能敷设引下线。

第二十，等电位联结应按以下程序进行：①总等电位联结。对可作导电接地体的金属管道入户处和供总等电位联结的接地干线的位置检查确认后，才能安装焊接总等电位联结端子板，按设计要求进行总等电位联结。②辅助等电位联结。对供辅助等电位联结的接地母线位置检查确认，才能安装焊接辅助等电位联结端子板，按设计要求进行辅助等电位联结。③对特殊要求的建筑金属屏蔽网箱。网箱施工完成，经检查确认后，才能与接地线连接。

第二十一，接闪器安装。接地装置和引下线应施工完成，才能安装接闪器，且与引下线连接。

第二十二，防雷接地系统测试。接地装置施工完成测试接地电阻应合格；避雷接闪器安装完成，整个防雷接地系统连成回路，方能进行系统测试。

第二十三，电动起重机械、电梯、特殊环境电气工程、弱电系统、自动化仪表、空调系统电气工程、制作加工等应按相应的标准规范进行，并参照前述内容做好程序交接和验证。

第二十四，其他电气设备、装置或新产品，应按照以上条款进行测试和验证。

（四）安装过程检验与试验

第一，绝缘电阻测试包括各类电气设备装置、动力、照明、电缆线路及其他必须进行绝缘电阻测试的电气装置，绝缘电阻一般应测试三次，安装前、安装后、调试前分别测一次。安装过程的检验与试验，必须由具有相应资质的单位或个人进行，检验与试验必须有监理认可的记录。安装过程的检验、试验是电气工程中最重要的检验试验，一般可分为自检、互检、专检和监检。

第二，接地电阻测试包括电气设备、系统的防雷接地、保护接地、工作接地、防静电接地以及设计要求的接地电阻测试，检测工作必须在接地装置敷设完毕回填土之前进行，测试和回填必须由监理在场监督。

第三，电气设备、元器件通电安全检查电气设备、元器件安装后应按层、按部位、按子系统进行通电全数检查，如开关控制相线，相线接螺口灯座的灯芯，插座左零右相上接保护零线，电气设备外壳接地（零），核对电源电压及相序等。

第四，电气设备空载试运行成套配电（控制）柜、台、箱、盘通电试运行，电压、电流应正常，各种仪表指示应正常。电动机及其拖动的设备应测试通电空转，检查转向和机械转动有无异常情况，测试空转电流，以判定试运行是否正常，电动机空载试运行时要记录其电流、电压和温升以及噪声是否有异常撞击声响，空载试运行电动机的时长一般为 2 h，记录空载电流，且检查机身和轴承的温升。变压器空载运行、检查温升、声响、电位、电压相序等应正常。

第五，照明通电试运行公用照明系统通电连续试运行时间为 24 h，民用住宅照明系统通电连续试运行时间为 8 h，所有照明灯具均应开启，且每 2 h 记录一次。

第六，大型照明灯具承载试验记录大型灯具在预埋螺栓、吊钩、吊杆或吊顶上嵌入式安装专用骨架时，应全数按 2 倍于灯具的重量做承载试验。

第七，高压设备及电动机调整试验记录应由有相应资格的单位进行试验并记录。

第八，漏电开关模拟试验动力和照明工程的漏电保护装置应全数使用漏电开关检测仪做模拟动作试验，应符合设计要求的额定值。

第九，发电机组应测试发电电压、电流、频率、相序应正常。

第十，电能表检定记录电能表在安装前送有相应检定资格的单位全数检定，应有由检定单位出具的法定记录。

第十一，大容量电气线路节点测温记录大容量（630 A 及以上）导线、母线连接处或开关，在设计计算负载运行情况下应做温度抽测记录，采用红外线遥测温度仪进行测量，温升值稳定且不大于设计值。

第十二，避雷带支架拉力测试避雷带支架应按照总数录的 30% 检测，10 m 之内测三点，不足 10 m 的全部检测。检测时使用弹簧秤。

第十三，架空线路试验架空线路应有详细的安装和试验记录，应有绝缘电阻、耐压试验等。

第十四，弱电系统自动化仪表、空调自控等调整试验各系统应有详细的安装、调整、试验、投运记录。

第三章　电力系统调度自动化

第一节　电力系统调度自动化的实现

一、采集电力系统信息并将其传送到调度所

要在调度所对电力系统实行调度控制，就必须掌握表征电力系统运行状态的运行结构和参数。由于调度所与发电厂、变电站距离遥远，如何采集这些信息并将它们送到调度所就成了调度自动化必须首先解决的问题。电力系统主接线及其中各电力设备的参数是已知的，可事先将它们输入调度计算机的数据库中。这样，只要将电力系统中各断路器的实时状态（断开或闭合）送到调度计算机，再通过执行一定的程序就可以确定电力系统的实时运行结构。

二、对远动装置传来的信息进行实时处理

（一）远动装置传来的信息存在的问题

1.有错误

表征电力系统运行状态的信息经过采集、加工和远距离传输之后会产生误码。误码产生的原因可能是信息在传输过程中受到干扰，也可能是在信息采集和传输系统中某些部分发生了故障。如"0000H"在传输过程中因受到干扰将其最高位的"0"误传为"1"。这样"0000H"经过远距离传输就成"1000H"，这就是误码。尽管在信息远距离传输时采用了检错和纠错技术，但是目前的技术水平还不能保证不出误码。

2.精度不高

将电力系统的运行参数值送到调度中心，需经过采集、加工等一系

列变换。每一个变换环节都存在一定误差，这些误差累积起来就造成了远动遥测数据的误差，使遥测数据精度不高。这是信息采集、加工和远距离传输系统工作正常情况下存在的一种现象。遥测误差产生的另一个原因是"数据不相容性"。说明数据不相容性包含同时采样和顺序采样两个概念。

同时采样就是在同一时刻把电力系统中所有需要传输到调度计算机的被测量的值采集下来，并以一定时间间隔周期性地重复上述动作。从理论上讲，同时采样所采得的数据能够正确反映电力系统中各运行参数之间的关系，因此是科学的。由于电力系统中有成千上万的数据要采集，这些数据在同一时刻被采集出来之后如何处理就成了问题。调度计算机接收发电厂和变电站传来的数据是一个接一个地接收的。这些同时采集的数据不能同时送往调度所，就得在发电厂和变电站的远动装置中存起来。这会使远动设备变得复杂并增加投资，因此，电力系统调度自动化中不采用同时采样。顺序采样就是发电厂和变电站的远动装置按一定顺序逐个采集电力系统运行参数并逐个向调度计算机传送。向调度计算机输送的是测量值的时间序列。一个采样周期过后，又重复开始下一个采样周期，周而复始，不停地进行。设系统内有 m 个采样点，采样第一个参数的时刻为 T_1，采样第 m 个参数的时刻为 T_m，每个测量值都不是在同一时刻采得的。顺序采样实现起来比较容易。现在电力系统远动都是按顺序采样方式工作的。

由于电力系统远动装置是按顺序采样工作的，它传输到调度计算机的一组数据，如节点注入功率、潮流分布和节点电压等不是在同一瞬间测得的，因此，将这些数据代入电网导纳矩阵方程中进行计算时，常不能满足等式关系而存在一定偏差，这就表明这些数据是不相容的。显然，数据不相容性会造成误差。

3. 不齐全

电力系统是十分复杂的，表征电力系统运行状态的运行参数是非常多的。如果将电力系统的所有运行参数都通过远动装置送到调度所，会使信息采集和传输系统的投资增加；因此只能把表征电力系统运行状态的主要参数送往调度所。另外，有些变电站尚未安装远动装置，站内的有关信息自然不能送往调度中心；有些参数（如变电站母线电压的相角）目前尚没有测量装置，也不能送往调度中心。由于上述原因，从电厂和变电站送往调度中心的电力系统运行参数是不齐全的。

（二）信息处理的内容

调度计算机对远动装置传来的遥测数据和遥信信息进行处理的内容包括：发现并纠正错误数据和信息、提高数据精度和补齐缺少的数据。信息处理是电力系统调度自动化系统的功能之一，称为电力系统状态估计。通过状态估计可以得出表征电力系统运行状态的完整而准确的信息。

三、做出调度决策

调度计算机内有了表征电力系统运行状态的完整而准确的信息之后，调度计算机通过执行各种应用程序对电力系统的运行进行自动分析，对如何保证电力系统安全、优质和经济运行做出调度决策，决定是否对当前的电力系统运行状态进行调节或控制、如何调节和控制等。

四、将调度决策送到电力系统去执行

调度决策包括对电力系统中电力设备的控制和调节。它们可以由调度计算机做出，也可以由调度人员做出。调度决策通过远动装置的遥控（YK）和遥调（YT）功能送到发电厂和变电站，由安装在那里的远动终端（RTU）接收后，再送往安装在发电厂或变电站的自动装置或设施去执行，也可以由现场运行人员去执行。

五、人机联系

人机联系是调度自动化中特别值得强调的一点，因为以计算机为核心的电力系统调度自动化在人的干预下才能更好地工作。调度值班人员的经验在相当长时间内是不可能完全用计算机代替的。在目前技术水平下，电力系统结线的改变、事故处理等，运行人员的作用是不可忽视的，而计算机只起辅助作用。调度计算机的硬件和软件应该有足够的人机联系功能。人机联系程序可使调度员利用控制台、阴极射线管（CRT）显示器和模拟盘了解电力系统运行以及调度自动化系统的工作情况，利用键盘把命令和要求输入计算机,把需要记录的数据用打印机记录下来等。

六、电力系统调度自动化的功能

实现调度自动化除了靠硬件之外,还要靠调度计算机的各种软件。只有将硬件和软件结合起来才能实现调度自动化的各项功能。目前,电力系统调度自动化的功能包括电力系统监视和控制、电力系统状态估计、电力系统安全分析和安全控制、电力系统稳定控制、电力系统潮流优化、电力系统实时负荷预测、电力系统频率和有功功率自动控制、电力系统电压和无功功率自动控制、电力系统经济调度控制和电力系统负荷管理等。

电力系统监视控制功能是通过数据采集系统和监视控制系统对电力系统运行状态进行在线监视及对远方设备进行操作控制。监视是指对电力系统运行信息的采集、处理、显示、告警和打印,以及对电力系统异常或事故的自动识别;控制则主要是指通过人机联系设备对断路器、隔离开关、静电电容器组等设备进行远方操作的开环性控制。调度人员用人机联系设备执行电力系统日运行计划并保持频率和中枢点电压的质量,采取预防性措施消除不安全因素,处理事故,恢复电力系统正常运行。监视控制功能是调度自动化系统的基本功能。它为自动发电控制、经济调度、安全分析等高层次功能提供实时数据和各种实用性支持,如画面管理、人机交互管理、制表打印管理、数据库管理、计算机通信管理等程序。电力系统状态估计是实现电力系统监视与控制功能的一种重要软件。电力系统调度控制是分层进行的,不同层次的调度自动化系统所具有的功能不同,但是不管哪一个层次的调度自动化系统都必须具有电力系统监视控制功能。

第二节 远动和信息传输设备的配置与功能

一、远动装置的配置与功能

远动装置是电力系统调度自动化的基础设备,是调度自动化系统的重要环节。为了让读者对电力系统调度自动化系统有全面的了解，下面从调度自动化角度简单介绍远动装置的有关内容。

20 世纪 60 到 70 年代主要使用无触点远动装置（WYZ）、数字式综合远动装置（SZY）型远动装置。它们是由晶体管或集成电路构成的布线式远动装置，也被称为硬件式远动装置。20 世纪 70 年代中后期出现了基于计算机原理构成的软件式远动装置。21 世纪微机远动装置已在电力系统调度自动化系统中广泛应用。

（一）电力系统远动概述

1. 硬件远动装置的构成及工作原理

这种装置的特点是一套远动装置分成两部分，一部分安装在发电厂或变电站，称为厂站端，一部分安装在调度所，称为调度端。模数转换器将输入的模拟电压转换成数字电量送给遥信、遥测编码器，编码器将输入的并行数码编成在时间上依次顺序排列的串行数字信号。遥信量是开关量，不需要经过模数转换器而直接输入遥测、遥信编码器。远动系统中传送的信号在传输过程中会受到各种干扰而出现差错。为了提高传输的可靠性，对遥测、遥信的数字信号要进行抗干扰编码。数字脉冲信号一般不适于直接远距离传输。例如，利用电话线路作为传输信道时，线路的电感、电容会使脉冲信号产生很大的衰减和畸变，所以要利用调制器把数字脉冲信号变成适合于远距离传输的信号。经过调制的信号再经过发送机送往信道，就将厂站端的遥测和遥信信息送往调度所了。在调度所由接收机接收从厂站端传送过来的信息，然后解调器把已调制的信号还原成调制前的信号，再由抗干扰译码器进行检错，检查信号在信道上传输时是否因干扰产生错码。检查出错误的码组就放弃不用，正确的码组则经遥测、遥信分路器将遥测和遥信分割开，分别去显示或指示。调度所调度员或调度计算机做出的对电力系统实行控制和调节的命令通过遥控和遥调装置送往发电厂和变电站，对电厂和变电站的设备进行调节和控制。遥控和遥调命令的传输原理与遥信和遥测是相同的，只是两者的传输方向相反。需要指出的是，遥控和遥调命令的传输可靠性要求比遥信和遥测高，并且遥控要求的可靠性更高。

2. 微机远动装置的构成

它主要由以下三部分组成：厂站端远动装置，也称为远动终端设备，即 RTU；调度端远动装置，也称为主站或主控机，即 MS；信道，主要是调制器和调解器。不论是 RTU 还是 MS，都是由微处理芯片构成的微型计算机和远动功能软件实现特定功能的。

3. 远动信息的传输方式

电力系统中信息远距离传输方式可分为三种：循环式、问答式以及微机远动问世以后出现的循环式与问答式兼容的传送方式。循环传输方式以厂站的远动装置为主，周期性地采集数据，并周期性地以循环方式按事先约定的先后次序依次向调度端发送数据，常用在点对点（1 对 1）的远动装置中。问答式传送方式是以调度端为主，由调度所发出查询（召唤）命令，厂站端按调度端发来的命令工作，被查询的厂站向调度所传送数据或执行调度命令。在未收到查询命令时，厂站端的远动装置处于静止状态。循环与问答兼容的传送方式兼有循环式（CDT）规约和问答式（polling）规约两种方式的特点，是随着微机技术的发展结合上述两种制式的特点而出现的。

（二）远动装置的配置及其功能

按照调度端和厂站端远动装置配置的数量可分为（1：1）、（1：N）和（M：N）三种方式。（1：1）工作方式是基本工作形式，它是指厂站端装一台远动装置，在调度端也与之相对应地装一台远动装置。（1：N）工作方式是指调度端的一台远动装置对应着被控制的发电厂和变电站内的 N 台远动装置。（M：N）工作方式是指调度端 M 台远动装置对应着厂站端的 N 台远动装置，通常 M=2。

二、信息传输系统

信息传输是电力系统远动的重要组成部分。信息远距离传输有自己的理论和方法，主要属于通信专业的范畴。下面仅就构成电力系统调度自动化系统的一些问题作简要说明。

（一）远动信道

远动信息传输通道简称信道。它包括调制器、通信线路和解调器。调制器的作用是把不适合在通信线路中远距离传输的数字脉冲信号加到载波上，变成已调制信号，以便在通信线路上远距离传输。解调器的作用是把通信线路传过来的已调制信号在接收端恢复成发送端调制之前的信号。目前电力系统调度自动化系统使用的信道有以下几种：①远动与载波电话复用电力载波通道；②无线信道；③光纤通信；④架空明线或电缆传输远动信息。

（二）远动通信网络的基本类型

电力系统中远动系统的主站（MS）与子站（RTU）之间通过信道传输远动信息。若干远动站通过通信线路连接起来，组成一个远动通信网络。远动通信网络有以下几种基本类型。

1. 点对点配置

一站与另一站通过专用的传输链路相连。这是一种最基本的一对一连接方式。

2. 多路点对点配置

调度控制中心或主站与若干被控站通过各自的链路相连。在这种配置中，主站能同时与各个子站交换数据。

3. 多点星形配置

调度控制中心或主站，与若干被控站相连。在这种配置中，任何时刻只允许一个被控站向主站传送数据。主站可选择一个或若干被控站传送数据，也可向所有被控站同时传送全局性报文。

4. 多点共线配置

调度控制中心或主站通过共用线路与若干被控站相连。在这种配置中，同一时刻只允许一个被控站向主站传送数据。主站可选择一个或若干被控站传送数据，也可向所有被控站同时传送全局性报文。

5. 多点环形配置

所有站之间的通信链路形成一个环形。在这种配置中，调度控制中心或主站可用两个不同的路由与各个被控站通信。因此，当信道在某处发生故障时，主站与被控站之间的通信仍可正常进行，通信的可靠性得到提高。

（三）信息传输系统的质量指标

电力系统调度自动化对信息传输系统的质量要求主要有可用率（或可靠性）、误码率（或信息传输质量）和传输速率（或响应时间）。

1. 可用率

信息传输系统的运行时间指整个系统保证基本功能正常的持续时间。运行中某个设备坏了但不影响调度自动化的基本功能，"坏了"的时间也应算在运行时间之内。停用时间是系统丧失基本功能而不能运行的时间，包括故障时间和维修时间。信息传输系统的可用率应大于电力系统调度自动化系统的可用率。

2. 误码率

即使是目前广泛应用的较不易受干扰的二元制数字传输系统，也仍不可避免地会受到干扰，引起误码。通常将传输的码元中发生差错码元的概率作为传输质量的一个指标，称为误码率。一般要求误码率不大于 1×10^5，即平均传输 100 000 个二元制码出现 1 个误码。

3. 传输速率

传输速率通常以码元传输速率来衡量。码元传输速率定义为每秒钟传输码元的个数，单位为 Bd（波特），例如每秒钟传输 600 个码元，码元传输速率即为 600 Bd。码元传输速率也称为码元速率和波特率。它仅表征每秒传送码元的个数，并未表明是二元制的码元或是哪一种多元制的码元。

（四）通信规约

在电力系统远动中，主站与远方终端之间进行实时数据通信时必须事先做出约定，制定必须遵守的通信规则，并共同遵守。这必须共同遵守的规则与约定，即为通信规约。按照远动信息不同的传送方式，远动通信规约分为 CDT 规约和 Polling 规约两种。一套布线式远动装置可以按以上两种规约中的任一种进行通信，但是一旦确定后就不可改变了。微机远动通信规约的实现取决于应用程序，与硬件独立，所以它可以实现各种规约。在一个电力系统中通信规约必须统一。我国已经颁布电力行业标准《循环式远动规约》，它是参照国际电工委员会的建议，并考虑微机和数据通信技术新成就而制定的全国统一的远动通信规约。

（五）信息传输

系统选择的原则：电力系统调度自动化需要可靠、有效和经济的信息传输系统来传递调度中心和大量远动终端装置之间的数据和控制信息。有许多信息传输方式可以被选用，但每一种方式都有合理的使用范围和环境；因此，必须根据具体情况比较选择。一般选择信息传输方式需要考虑的原则有以下几点。

1. 信息传输可靠性高

因为大部分信息传输媒介是暴露于空间的，可能会受到恶劣气候如雨、雪、雹、狂风和雷电的影响，还会长期受太阳紫外线照射以及各种电磁干扰；所以，信息传输系统必须经受得住这些可能存在的干扰。

2. 性能费用比

信息传输系统的投资在整个电力系统调度自动化系统中占的份额很大，必须恰当地考虑其性能，在满足必要功能的前提下节约费用。要综合考虑一次投资和整个使用期的维护运行费用。

3. 满足现在和将来对信息传输速率的要求

信息传输速率必须满足电力系统实时调度的要求，但亦需兼顾设备的投资。一般地讲，速率高的设备费用也高，因此，在设计电力系统调度自动化系统时，应对各种信息做分析，适当压缩传输的信息量。选择信息传输系统还必须顾及电力系统的发展，信道应留有必要的裕度。一个较完善的电力系统调度自动化系统通常需要双通道信息传输，初期为了节约成本可以用单通道信息传输。

4. 在停电和故障时保持通信能力

电力系统调度自动化系统需要通过信息传输系统了解事故和停电区域的实时状态并对其进行控制，所以在选择电力系统的信息传输方式时，必须考虑电力线路故障和开断的影响。

5. 便于维护信息

传输系统是一个复杂系统，设备大多为技术密集型，要考虑电力系统中多数维护人员的技术水平，因此应选择那些便于运行和维护的信息传输方式。

第三节　调度计算机系统及人机联系设备

一、调度计算机系统

调度计算机系统是调度自动化系统的一个子系统，它负责完成信息处理和加工任务，是整个调度自动化系统的核心。调度自动化对计算机系统的基本要求是：数值计算和逻辑判断能力，输入、输出中断处理能力，实时操作系统能力，高可靠性、可维护性和可扩展性。为了满足调度自动化的要求，一般都配置多台不同类型的计算机组成一个完整的系统。调度计算机系统由计算机硬件、软件和专用接口组成，由多台计算机组成调度自动化系统时，还存在计算机硬件系统的配置问题。

（一）计算机硬件系统调度

计算机硬件系统由中央处理器、主存储器、大容量外存储器和输入、输出设备组成。中央处理器控制指令的执行，进行数值计算和逻辑判断。

中央处理器的主要技术性能指标有字长、运算速度、指令种类、寄存器结构、寻址方式、中断能力等。主存储器存储数据和程序，由中央处理器进行读写操作。大容量外存储器补充主存储器容量的不足和提供长期存储手段，主要有磁盘和磁带等。输入、输出设备是计算机与外界交换信息的手段。输入设备一般有显示终端、键盘、控制台打印机、卡片输入机等。输出设备有制表打印机、行式打印机、绘图仪、硬拷贝机等。磁盘既可作为输入也可作为输出介质。计算机技术发展很快，调度自动化的功能也日臻完善，因此，调度自动化系统使用的计算机的性能指标随着计算机技术的发展和调度自动化功能的完善提高得很快。在配置调度自动化的计算机系统时应根据调度自动化系统的规模、功能和计算机技术的发展情况以及价格等综合考虑来确定计算机选型及配置。除此之外，在设计或选择调度计算机硬件系统时必须考虑到以下几点。

1. 可靠性

因为这个系统是终年不间断运行的，且担负着整个电力系统所有信息的处理工作，调度人员依靠它指挥整个电力系统的运行，因此必须十分可靠。计算机系统中各个设备的可靠性一般用平均故障间隔时间表示。

提高可靠性的主要措施：选用高质量的计算机，在硬件上保证高可靠性；考虑较易发生故障设备的双重配置；改善计算机系统的工作环境，如供电可靠性，保持系统运行环境清洁和有恰当的温度。系统结构的模块化可以减轻故障对计算机系统的影响。在故障情况下，可卸去一些较次要的功能，尽量保证计算机系统的主要功能。当然，配备一个成熟的软件系统也是获得高可靠性的重要因素。

2. 可维护性

实际的计算机系统不可能不发生故障。在发生故障时，要求维护人员能够利用备品、备件在较短时间内修复系统、恢复运行，并要求计算机系统有自检、自诊断功能和功能转移能力，以便确定故障部位和对故障部件进行修复或更换，而不中断计算机系统的运行。软件的可维护性也是一个重要方面，要能发现并诊断出有缺陷或错误的部分并加以改正，使软件系统不断完善。可维护性好的系统使故障停机时间缩短，可相应地提高系统的可用率。

3. 系统规模的合理性及可扩充性

一个计算机系统的规模和功能总是以某个规划年为目标而设计的。系统太大了，费用就高，在一个时期内设备利用率低，经济上不合算，太小了，使用期太短，则造成浪费；因此要选用性能、价格比高的系统，并在电力系统扩充时，计算机系统也随之做适当的扩充，以适应运行的要求。这样，既能保证系统具有必要的功能，又能保证在经济上合理。可扩充性是指硬件和软件均可扩充。

（二）计算机系统的专用接口

计算机系统的专用接口主要有远动终端（RTU）接口、人机联系接口、计算机远程通信接口和统一时钟接口等。

1. 远动终端接口

远动终端接口是一种专用的通信接口，按远动终端的通信规约接收来自 RTU 的信息和将调度决策送往 RTU。远动终端接口的硬件一般是以微处理器为基础的专用通信控制器。它直接处理来自解调器的串行码，经过串并行转换、差错校验等处理后，将 RTU 传来的信息送入调度计算机系统的前置计算机或直接送入主机做进一步处理。远动终端接口的第二项工作是将主机发往 RTU 的信息由并行码转换成串行码并进行抗干扰编码后，送到调制器，发往 RTU。这样可以减少通信向计算机申请中断的次数，提高整个计算机系统的处理能力。

2. 人机联系接口

屏幕显示器（CRT）的接口可以采用标准串行口和并行口、存储器直接存取通道或局域网络接口。20 世纪 80 年代前，典型的调度自动化系统采用 DMA 接口和 CRT 控制器相连，这样可以保证必要的响应时间。当主计算机是双机系统时，一个 CRT 控制器要有两个 DMA 接口，用以保证双机切换时屏幕显示器照常工作。20 世纪 90 年代后期，显示器多采用图形工作站，它有较强的数据处理能力和存有背景画面，工作时只需要从主计算机取得实时数据。图形工作站通常都是通过局域网与主计算机相连，这样可以减轻主计算机的负担，是目前的主要方式。调度所模拟屏上的灯光、报警、数字显示和记录仪表等信息是由计算机送出的，它与主计算机的接口分两种形式。现代模拟屏设有专门的微处理机完成输入信号的接口和处理工作，主计算机只需要用串行口输出信息。当然也有不带微机的模拟屏，采用这种方式时，往往用一台或数台与 RTU 相同结构的本地终端设备 LTU。LTU 与计算机之间采用标准的远动接口，这样可以简化系统。

3. 计算机远程通信接口

大型电力系统的调度中心是分层设置的。为了实现信息共享，避免大量的 RTU 重复设置，需要分层传递信息，如将省调度中心的重要信息传到大区电网调度中心。这就需要通过计算机通信实现。计算机通信要采用统一的通信规约，并要符合国际标准化组织（ISO）规定的"开放系统互联"层次模型。我国的电力系统调度自动化系统的计算机通信将逐步采用国际通用标准。对于非实时的管理信息系统通信，不论是远程还是本地都另有公用数据网络或局域网络做支持，不与实时系统共用。管理信息网若要取得部分实时数据，可以由实时系统单方向向管理网络送出信息，并要经过隔离，使管理系统不能打扰或扰乱实时系统工作。计算机通信的硬件一般采用支持某一标准规约的智能接口板插入主计算机，也可采用专门的通信节点计算机承担所有远程通信和规约转换等工作，以减轻主计算机的负载。

4. 统一时钟接口

整个电力系统统一时钟是电力系统事件顺序记录的时间坐标标准，是分析事故的重要依据。一般在一个调度中心设置一个精确时钟，再由计算机向各电厂和变电站的RTU下发对时信号。由于通道的延迟及计算机接收中断的延迟，会产生误差，一般在数毫秒至十几毫秒之间。各级调度所之间对准时间只能通过共同接收国家或地域的无线电对时信号加以解决。这也同样适用于国家调度和大区调度以及大区调度之间的统一时钟问题。

（三）计算机软件系统

电力系统调度计算机系统的软件分为系统软件、支持软件和应用软件。

1. 系统软件

系统软件是计算机制造厂家为了用户使用方便和充分发挥计算机能力而提供的管理和服务性软件，是最底层的软件。它包括：为用户编制程序提供的各种工具和手段，如各种程序设计语言的编译程序，各种便于调试程序的工具等；对计算机资源进行调度和管理的操作系统；各种服务性程序，如子程序库、系统生成程序等。

2. 支持软件

支持软件是为计算机的在线、实时应用开发服务的服务性软件，主要有数据库管理、人机联系管理、故障切除及备用管理等。现代实时数据库的主要特点是：与应用程序完全独立，可以用人机对话方式定义、编辑和生成数据库，允许高级语言应用程序直接用符号名调用等。数据库还可以方便地增加、删除和修改记录。人机联系管理的主要内容有：用人机对话的方式编辑和生成画面，定义画面的前景实时信息与数据库的联系，画面的调用和管理，画面的放大、缩小和移动的管理，人机对话管理，画面的报警信息、闪烁、音响等处理。故障切换及备用管理涉及对主、备机状态的监视，发现故障后的切换处理，日常后备信息的管理和保存等。

3. 应用软件

应用软件是利用系统软件和支持软件提供的服务编制来实现电力系统调度自动化各项功能的软件。应用软件按功能可大致分为基本监控软件、自动发电控制和经济运行软件、安全分析和控制软件。电力系统调度自动化系统能否正常有效地工作，在很大程度上取决于软件是否正确和成熟。因为这些软件要在实时环境下执行和实现一系列功能，它与一般作为科学计算用的软件有不同的特点。这些特点主要是：要有一个实时调度程序，以协调和管理一系列相互连接的功能的执行；要有一个多道分时操作系统，以完成对多个远方终端采集数据的处理和若干外部设备的控制；要有较强的人机联系能力，以便调度人员实现对调度自动化系统的使用和操作。

（四）调度计算机系统的配置

根据电力系统规模的大小及监视和控制系统功能的不同，调度计算机系统的配置可分为下列几种形式。

1. 单机系统

对于小型的调度控制中心（如县级或不大的地区电力系统的调度控制中心），可以用工业控制微机为主机，配备简单的人机联系外部设备，构成单机系统。为了减轻主机工作的负担，加快主机的响应时间，一般可用一前置处理器作为主机与信息传输系统的接口，完成数据采集、数据存储、简单数据处理（如差错校验、差错信息的记录和统计、工程单位转换等）等频繁而周期性的工作以及转发操作，并通过直接访问内存DMA方式将数据高速存入主机内存。主机完成数据的处理、统计、转存和画面更新，以及有关遥控、遥调等较重要的操作。人机联系主要通过键盘、鼠标或光笔等设备，由主机做出响应。

2. 双机系统

在大型地区电力系统以上的调度控制中心，为了提高计算机系统的可靠性，一般采用双机系统。双机系统通常有完全相同的两台主机及各自的内、外存储器及输入和输出设备。通常由一台计算机承担在线运行功能，称值班机，另一台处于热备用状态。当值班机发生故障，监视设备立即发现并自动把备用机在最短的时间内投入在线运行。这项工作一般应在 30 ~ 60 s 内完成，如果时间过长就会丢失重要数据。在这种工作方式下，备用机必须保存与值班机相同的数据库。通常采用"快照"的方式定时周期性地把值班机保存的数据复制到备用机的数据库中。

采用这种主—备工作方式时，备用机还可用于软件的维护和开发、对运行人员的模拟培训以及一些离线计算等。双机系统的另一种工作方式是主—副工作方式。通常以其中一台计算机为主，承担在线运行的主要功能，另一台为辅，承担较次要的在线运行功能和辅助的或离线的功能。在主计算机发生故障时，自动使副计算机承担起主计算机的功能。使用这种工作方式时，计算机的规模可略小于主—备工作方式。

3. 分布式系统

分布式系统是把系统的各项功能分散到多台计算机中去，各台计算机之间用局域网相连，并通过局域网高速交换数据。人机联系的处理机也以工作站的形式接在局域网上，各种备用机也同样连接在局域网上，并可随时承担同类故障机的任务。通过局域网可将实时数据或人工输入的数据定点传送到其他计算机的实时数据库中。在系统扩充功能时，只需要增加新的处理机或把原有的处理机升级即可，无须改变整个系统。

二、人机联系设备

电力系统采用调度自动化系统后，要求调度人员利用这一系统全面、深入和及时地掌握电力系统的运行状况，做出正确的决策，发出各种控制命令，以保证电力系统的安全和经济运行。另外，调度人员还必须不断地监视调度自动化系统本身的工作，了解各种设备的实时状态。为了能够完成上述各项任务，调度自动化系统必须能够实现人机对话。调度自动化中的人机联系设备就是为了实现人机对话而设置的，它是调度自动化中操作人员和计算机之间交换信息的输入和输出设备。这类设备分为通用和专用两种。通用的人机联系设备是指供调度计算机系统管理和维护人员、软件开发和计算机操作人员所使用的控制台打印机、控制台终端、程序员终端和一般打印机等。专用的人机联系设备是指专门供电力系统调度人员用以监视和控制电力系统运行的人机联系设备，其中有交互型的调度员控制台、调度员工作站、非交互型的调度模拟屏、由计算机驱动的各类记录设备等。

（一）调度员控制台

调度员控制台是调度人员对电力系统进行监视和控制的交互型人机联系设备。台上一般有彩色屏幕显示器、操作键盘、屏幕游标定位部件、音响报警装置和语音输入、输出装置等。

1. 屏幕显示器

屏幕显示器由监视器和控制部件组成，主要部件是显像管。显像管又称阴极射线管，所以通常又将屏幕显示器称作 CRT。CRT 的主要作用是以图形、曲线和表格方式显示表征电力系统运行状态的各类信息。CRT和操作键盘结合起来就能进行各种人机交互操作。屏幕显示器可显示二维和三维图形，图形可旋转，画面可滚动、分层缩放和任意方向移动。屏幕上可开多个窗口，分别进行不同的交互操作。显示器由显示控制部件驱动、控制部件和主计算机相连。主计算机向控制器传送画面前景图形（动态图形）和背景图形（静态图形），由控制器据此组成一幅画面，并将画面转换成颜色和亮度信号在屏幕上显示出来。屏幕显示具有形象、直观、实时、使用方便等优点。目前屏幕显示器已成为电力系统调度人员与电力系统调度自动化系统进行联系的最有效的工具之一，它和操作键盘结合起来可以实现除记录以外的所有人机联系功能。

早期的显示器主要使用一个图形显示器，它只能表示固定、有限的图形符号（如单线图），大量信息依靠表格和字符表示。目前，已广泛应用全图形显示器，它可以任意表示比单线图更为复杂的各种二维和三维图形，并具有放大、缩小和移动功能。

全图形显示采用光栅显示原理，和电视机显示原理类似。显像管电子束按自上而下的顺序由左至右逐行扫描，周而复始，显像控制部件将光点构成的图形信息加在显像管红、绿、蓝三色的阴极上，控制电子束的强弱，在屏幕上形成光点，组成图形。电子束由左至右的横向扫描线称为光栅，每条光栅上可分辨出的最小光点称为像素。光栅显示的主要技术指标是分辨率，它有多种定义，目前习惯上的定义是光栅上的像素乘以屏幕光栅数。分辨率高在屏幕上显示的内容多，同样大小的图形分辨率越高，清晰度越好。如果光栅上每个像素都可以用来构图（或称像素可编址)，则这种显示称为全图形显示。与全图形显示相对应的还有半图形显示。由于半图形显示存在一些缺点，随着计算机和显示器处理速度的提高，半图形显示已逐渐被淘汰。

2. 操作键盘

操作键盘是调度人员的主要操作工具。它和屏幕显示器配合，可以进行人机对话以及各种交互操作，如选显全网或厂、站单线主接线图，显示曲线和各种表格画面，输入数据和设定设备状态，控制远方电力设备，检索历史数据，召唤打印，复制画面，启动电力系统安全经济分析软件，操作调度自动化系统中的设备等。

3. 屏幕游标定位部件

屏幕游标定位部件的作用是供调度人员在屏幕画面上移动光标选择操作位置或操作项目。定位部件有多种，除键盘上的光标移动键外，还有操纵杆、跟踪球、鼠标、光笔等。当定位部件将光标移到指定位置后，用定位部件上的按键或键盘按键执行操作。

4. 音响报警装置

当电力系统或调度自动化系统出现异常现象时，为了及时提醒调度人员注意并及时处理异常现象，在调度控制台上装有音响报警装置。该装置一般安装在屏幕监视器内，按事件的严重程度不同发出不同的音响，如发出连续长音、断续音响或变调声响等。

5. 语音输入输出装置

这种装置能够识别输入语音的意义、合成输出语言的音响。它使人机交互更灵活、方便。语音输入输出装置将会使人机交互方式和内容发生巨大变化，具有广阔的应用前景。

（二）调度员工作站

调度员工作站是供调度员进行人机交互的台式或桌式计算机，又称图形工作站或人机交互工作站。它是一般的计算机，但配有多个监视器和图形控制插件，机内装有画面编辑显示和人机交互管理软件，主要用于实现调度员与调度自动化系统的人机交互功能。

（三）模拟屏

模拟屏是用单线图表示整个电力系统全貌的设备。信息处理系统通过模拟屏驱动器把实时信息用灯光和数字显示在模拟屏上。模拟屏不必也不能详细地显示每个变电站、发电厂的接线，而应着重显示与整个电力系统安全水平、电能质量有关的参数和重要电力线的潮流和枢纽点电压等。模拟屏显示的单线图可使电力系统有整体感，但表现能力和灵活性不如屏幕显示器。在实际应用中让模拟屏和屏幕显示器的优缺点互补，可以获得较好的效果。

（四）记录设备

记录设备的作用是将电力系统的运行参数和设备状态以及异常事件记录在纸上。记录设备是受计算机控制的。目前，记录设备并不是将所有需要记录的信息都记在纸上，而是将其保存在计算机磁盘上，用户通过监视器阅读，需要时才用打印机或绘图设备输出。

第四节　电力系统的分层调度控制

从理论上讲，我们可以对电力系统实行集中调度控制，也可以实行分层调度控制。集中调度就是把电力系统内所有发电厂和变电站的信息都集中在一个调度控制中心，由一个调度控制中心对整个电力系统进行调度控制。从经济上看，由于电力系统的设备在地理位置上分布很广，通过远距离通道把所有的信息传输并集中到一个地点，投资和运行费都较高。从技术上看，把数量很大的信息集中在一个调度中心，调度值班人员不可能全部顾及和处理，即使使用计算机辅助处理，也会占用计算机大量的内存和处理时间。此外，从数据传输的可靠性上看，传输距离越远，受干扰的机会就越多，数据出现错误的机会也就越多。

鉴于集中调度控制的缺点，目前世界各国的大型电力系统都是采用分层调度控制的。国际电工委员会标准提出的典型分层结构就将电力系统调度中心分为主调度中心、区域调度中心和地区调度中心。这些相当于中国的大区电网调度中心（简称网调）、省调度中心（简称省调）和地区调度所（简称地调）。分层调度控制将全电力系统的监视控制任务分配给属于不同层次的调度中心。下一层调度根据上一层调度中心的命令，结合本层电力系统的实际情况完成本层次的调度控制任务，同时向上层调度传递所需信息。分层调度控制可以克服集中控制的缺点。其主要优点如下。

第一，便于协调调度控制。电力系统调度控制任务有全局性的，亦有局部性的，但大量的任务是属于局部性的。分层调度控制是将大量的局部性调度控制任务交由下层相应的调度机构完成，而全系统性或跨地区的调度控制任务则交由上层相应的调度机构完成。这种结构模式便于协调电力系统的调度与控制。同时，电力系统不断扩大，运行信息大量增加，分层调度控制各层次的调度控制中心根据各自承担的调度控制任务采集和处理相应的信息，大大提高了信息传输和处理的效能。

第二，提高系统可靠性。采用分层调度控制方式，每一个调度控制中心或调度所都有一套相应的调度自动化系统收集自己管辖范围内的电力系统运行状态信息，完成所分工的调度任务。当某一调度所的调度自动化系统出现故障或停运时，只影响它分工的那一部分，而其他调度控制中心的调度自动化系统仍然照常工作。这就提高了整个系统的可靠性。

第三，改善系统响应。电力系统调度控制的实时性是很重要的，处理事故、调度负荷、改善和消除不正常运行状态都必须在一定时间内完成。采用分层调度控制方式使不少调度控制任务由不同层次的调度自动化系统并行处理，从而加快了处理速度，亦改善了整个系统的响应时间（从系统的输入发生变化起，到系统做出控制决策并将决策输出为止所需的时间）。

第五节 电力系统状态估计

前述已提及，通过远动传输到调度控制中心的信息存在三个问题，即有错误、精度不高和不齐全。电力系统状态估计就是对电力系统的某一时间断面的遥测量和遥信信息进行实时数据处理，目的是通过计算机处理自动排除偶然出现的错误数据和信息，提高实时数据的精确度，补足缺少的数据和信息，从而获得表征电力系统运行状态的完整而准确的信息，供调度计算机对电力系统进行监视和控制之用。电力系统的状态由电力系统的运行结构和运行参数来表征。电力系统的运行结构是指在某一时间断面电力系统的运行主接线。电力系统的运行结构有一个特点，即它几乎完全是由人工按计划决定的，一般说来很少有估计问题。但是，当电力系统的运行结构发生了非计划改变（如因故障跳开断路器）时，如果远动的遥信没有正确反映，就会出现调度计算中的电力系统运行接线与实际情况不相符的问题。电力系统状态估计的内容应该包括如何将错误的信息检查出来并予以纠正。

电力系统的运行参数（包括各节点电压的幅值、注入节点的有功和无功功率、线路的有功和无功功率等）可以由远动的遥信送到调度中心。这些参数随着电力系统负荷的变化而不断地变化，称为实时数据。这里主要介绍对电力系统运行参数的估计。对一个参数进行估计涉及三个值，即参数的真值、测量值和估计值。参数的真值就是参数的真实值，是客观存在的。如某条线路的真实电流为 100 A，这个 100 A 就是这条线路电流的真值。参数的真值是不知道的，要想知道参数的真值就要对这个参数进行测量，测量出来的值就是测量值或称为测量读值。测量值是否为参数的真值，也是不知道的。如果对上述线路的电流进行测量时测量值为 98 A，而且又测量了一次为 102 A，于是就出现了这条线路的电流到底是 98 A 还是 102 A 的问题。估计值是根据测量值的大小、测量值及其误差的随机性质，使用概率论的方法计算出来的值。数学上已经证明，这个计算出来的值与大部分测量值相比更接近于真值，但究竟是不是真值也是不知道的，于是称这个计算出的值为真值的估计值，简称估计值。

第四章　变电站和配电网自动化

第一节　变电站综合自动化

一、变电站综合自动化的概念

变电站是电力网中线路的连接点，它的作用是变换电压，变换功率，汇集、分配电能。变电站中的电气设备通常被分为一次设备和二次设备。属于一次设备的有不同电压的配电装置和电力变压器。配电装置是交换功率和汇集、分配电能的电气装置的组合设施，它包括母线、断路器、隔离开关、电压互感器、电流互感器、避雷器等。电力变压器是变电站中变换电压的设备，它连接着不同电压的配电装置。有些变电站还由于无功平衡、系统稳定和限制过电压等因素，装有同步调相机、并联电容器、并联电抗器、静止补偿装置、串联补偿装置等。

为了保证变电站电气设备安全、可靠和经济运行，还装有一系列的辅助电气设备，如监视测量仪表、控制及信号器具、继电保护装置、自动装置、远动装置等。上述这些设备通常被称为二次设备。表明变电站中二次设备相互连接关系的电路被称为变电站二次回路，也叫变电站二次接线或二次系统。

由于常规二次系统存在较多不足之处，因此，随着数字技术和计算机技术的发展，人们开始研究用计算机解决二次回路存在的问题。在有人值班的变电站采用微机进行监控和完成部分管理任务之后，将变电站二次系统提高到一个新的水平，出现了变电站自动化。变电站中的微机通常配置屏幕显示器、事故打印机、报表打印机等外围设备。

在微机监控引入变电站的同时，微机远动装置也在变电站中得到应用，出现了变电站微机远动终端（RTU）。微机继电保护装置在变电站中的应用，出现了变电站微机继电保护装置。至此，变电站二次系统实现微机化，进入变电站自动化阶段。

在变电站采用微机监控、微机继电保护和微机远动装置之后，人们发现，尽管这三种装置的功能不一样，但硬件配置却大体相同。除了微机系统本身外，无非是各种模拟量的数据采集设备以及 I/O 回路；实现装置功能的手段也基本相同——使用软件；并且各种不同功能的装置所采集的数据量和要控制的对象也有许多是共同的。例如，微机监控、微机保护和微机远动装置都要采集电压和电流数据，而且都要控制断路器的分、合。显然，微机监控、微机保护和微机远动等微机装置分立设置存在设备重复、不能充分发挥微机的作用以及设备间互联复杂等缺点。于是，自 20 世纪 70 年代末 80 年代初，工业发达国家都相继开展了将微机监控、微机继电保护和微机远动功能综合考虑的研究，从充分发挥微机作用、提高变电站自动化水平、提高变电站自动装置的可靠性、减少变电站二次系统连接线等方面对变电站的二次系统进行了全面的研究。该项研究经历了约 10 年的时间，随着微机技术、信息传输技术的发展取得了重大突破，于 20 世纪 80 年代末 90 年代初进入实用阶段，于是出现了变电站综合自动化，并且展现了极强的生命力。我国变电站综合自动化研究起步于 20 世纪 80 年代末，目前已经进入实用阶段。

变电站综合自动化是将变电站的二次设备（包括测量仪器、信号系统、继电保护、自动装置和远动装置等）经过功能的组合和优化设计，利用先进的计算机技术、现代电子技术、通信技术和信号处理技术，实现对变电站的主要设备和输、配电线路的自动监视、测量、自动控制和保护，以及与调度通信等综合的自动化系统。变电站综合自动化系统中，不仅利用多台微型计算机和大规模集成电路代替了常规的测量、监视仪表和常规控制屏，而且用微机保护代替了常规的继电保护屏，弥补了常规的继电保护装置不能自检也不能与外界通信的不足。变电站综合自动化可以采集到比较齐全的数据和信息，利用计算机的高速计算能力和逻辑判断能力，可方便地监视和控制变电站内各种设备的运行和操作。

变电站综合自动化技术是自动化技术、计算机技术和通信技术等高科技在变电站领域的综合应用。在综合自动化系统中，由于综合或协调工作的需要，网络技术、分布式技术、通信协议标准、数据共享等问题，必然成为研究综合自动化系统的关键问题。

二、变电站综合自动化系统的基本功能

变电站综合自动化系统的基本功能体现在下述五个子系统的功能中。

（一）监控子系统

监控子系统应取代常规的测量系统，取代指针式仪表；改变常规的操作机构和模拟盘，取代常规的告警、报警、中央信号、光字牌；取代常规的远动装置等。总之，其功能应包括以下几部分内容：数据量采集（包括模拟量、开关量和电能量的采集），事件顺序记录（SOE），故障记录、故障录波和故障测距，操作控制功能，安全监视功能，人机联系功能，打印功能，数据处理与记录功能，谐波分析与监视功能等。

（二）微机保护子系统

微机保护是综合自动化系统的关键环节。微机保护应包括全变电站主要设备和输电线路的全套保护，具体有高压输电线路的主保护和后备保护、主变压器的主保护和后备保护、无功补偿电容器组的保护、母线保护、配电线路的保护、不完全接地系统的单相接地选线等。

（三）电压、无功综合控制子系统

在配电网中，实现电压合格和无功基本就地平衡是非常重要的控制目标。在运行中能实时控制电压 / 无功的基本手段是有载调压变压器的分接头调节和无功补偿电容器组的投切。

目前多采用一种九区域控制策略进行电压 / 无功自动控制，这种电压 / 无功控制是一种局部自动电压控制（AVC），还不是采集全网数据进行优化控制以实现总网损最低的全网 AVC。由于点多面广，实现全网优化的 AVC 难度是比较大的。

另一个需注意的问题是，每天分接头档位调节和电容投切的次数均需有一定限制，过于频繁地调节对设备寿命十分不利，甚至会引发事故。

已有软件对此进行了约束。

（四）低频减负荷及备用电源自投控制子系统

低频减负荷是一种"古老"的自动装置。它是当电力系统有功功率严重不足使系统频率急剧下降时，为保持系统稳定而采取的一种"丢车保帅"手段。传统常规的低频减负荷有很大的缺点：例如某一回路已被定为第一轮切负荷对象，可是此时该回路负荷很小，切了它也起不到多大的作用，如果第一轮各回路中这种情况多几个，则第一轮切负荷就无法挽救局势。在变电站综合自动化系统中，就可以避免这种情况。当监测到该回路负荷很小时，可不切除它，而改切另一路负荷大的备选回路。这就改变了"呆板"形象，具有了一定的智能。

（五）通信子系统

通信功能包括站内现场级之间的通信和变电站自动化系统与上级调度的通信两部分。

1. 综合自动化系统的现场级通信

主要解决自动化系统内部各子系统与上位机（监控主机）及各子系统间的数据通信和信息交换问题。通信范围是变电站内部。对于集中组屏的综合自动化系统，就是在主控室内部；对于分散安装的自动化系统，其通信范围扩大至主控室与各子系统的安装地（开关室），通信距离加长了一些。

现场级的通信方式有并行通信、串行通信、局域网络和现场总线等多种方式。

2. 综合自动化系统与上级调度通信

综合自动化系统应兼有 RTU 的全部功能，能够将所采集的模拟量和开关状态信息以及事件顺序记录等传至调度端，同时应能接收调度端下达的各种操作、控制、修改定值等命令，即完成新型 RTU 的全部四遥及其他功能。

通信子系统的通信规约应符合部颁标准，最常用的有 POLLING 和 CDT 两类规约。

三、变电站综合自动化的结构形式

变电站综合自动化系统的发展与集成电路、计算机、通信和网络等方面的技术发展密切相关。随着这些技术的不断发展,综合自动化系统的体系结构不断发生变化,其性能、功能以及可靠性也不断提升。从国内外变电站综合自动化系统的发展过程来看,其结构形式有集中式、分布集中式、分散与集中相结合式等。

(一)集中式的结构形式

集中式的综合自动化系统,是指集中采集变电站的模拟量、开关量和数字量等信息,集中进行计算与处理,再分别完成微机监控、微机保护和一些自动控制等功能。集中式结构不是指由一台计算机完成保护、监控等全部功能。集中式结构的微机保护、微机监控和与调度通信的操作可以由不同计算机完成,只是每台计算机承担的任务多些。这种结构形式的存在与当时的微机技术和通信技术的实际情况是相关的。在国外,20世纪60年代由于电子数字计算机和小型机价格昂贵,只能是高度集中的结构形式。我国变电站综合自动化研究初期也是以集中式结构为主导。

这种集中式的结构是根据变电站的规模,配置相应容量的集中式保护装置和监控主机及数据采集系统,将它们安装在变电站中央控制室内。主变压器和各进出线及站内所有电气设备的运行状态,通过电流互感器(TA)、电压互感器(TV)经电缆传送到中央控制室的保护装置和监控主机(或远动装置)。继电保护动作信息往往取自保护装置的信号继电器的辅助触点,通过电缆送给监控主机(或远动装置)。

这种集中式结构系统造价低,且其结构紧凑、体积小,可大大减少占地面积。其缺点是软件复杂,修改工作量很大,系统调试麻烦;且每台计算机的功能较集中,如果一台计算机出现故障,影响面大,因此必须采用双机并联运行的结构才能提高其可靠性。另外,该结构组态不灵活,对不同主接线或规模不同的变电站,软、硬件都必须另行设计,二次开发的工作量很大,因此影响了批量生产,不利于推广。

（二）分层（级）分布式系统集中组屏的结构形式

分布式结构，是在结构上采用主从 CPU 协同工作方式，各功能模块（通常是各个从 CPU）之间采用网络技术或串行方式实现数据通信，多 CPU 系统提高了处理并行多发事件的能力，解决了集中式结构中独立 CPU 计算处理的瓶颈问题，方便系统扩展和维护，局部故障不影响其他模块（部件）正常运行。

分层式结构，是将变电站信息的采集和控制分为管理层、站控层和间隔层三个层级，并进行分层布置。

间隔层按一次设备组织，一般按断路器的间隔划分，包括测量、控制和继电保护部分。测量、控制部分负责该单元的测量、监视、断路器的操作控制和连锁，以及事件顺序记录等；保护部分负责该单元线路或变压器或电容器的保护、各种录波等。因此，间隔层本身是由各种不同的单元装置组成，这些独立的单元装置直接通过总线接到站控层。

站控层的主要功能是作为数据集中处理和保护管理，承担上传下达的重要任务。一种集中组屏结构的站控层设备是保护管理机和数采控制机。正常运行时，保护管理机监视各保护单元的工作情况，一旦发现某一保护单元本身工作不正常，立即报告监控机，并报告调度中心。如果某一保护单元有保护动作信息，也通过保护管理机，将保护动作信息送往监控机，再送往调度中心。调度中心或监控主机也可通过保护管理机下达修改保护定值等命令。数采控制机则将数采单元和开关单元所采集的数据和开关状态送往监控机和调度中心，并接受由调度或监控机下达的命令。总之，这第二层管理机的作用是能够明显减轻监控机的负担，协助监控机承担对间隔层的管理。

变电站的监控主机也称上位机，通过局域网络与保护管理机和数采控制机以及控制处理机通信。监控机的作用，在无人值班的变电站，主要负责与调度中心通信，使变电站综合自动化系统具有 RTU 功能，完成"四遥"任务；在有人值班的变电站，除仍然负责与调度中心通信外，还负责人机联系，使综合自动化系统通过监控机完成当地显示、制表打印、开关操作等。

分层分布式系统集中组屏结构的特点如下。

第一，分层分布式结构配置在功能上坚持"可以下放的尽量下放"的原则，凡是可以在本间隔层就地实现的功能，绝不依赖通信网。这样的系统结构与集中式系统比较，明显优点是：可靠性高，任一部分设备有故障时，只影响局部；可扩展性和灵活性高；站内二次电缆大大简化，节约投资也简化维护。分布式系统为多 CPU 工作方式，各装置都有一定数据处理能力，从而大大减轻了主控制机的负担。

第二，继电保护相对独立。继电保护装置的可靠性要求非常严格，因此，在综合自动化系统中，继电保护单元宜相对独立，其功能不依赖于通信网络或其他设备。通过通信网络和保护管理机传输的只是保护动作的信息或记录数据。

第三，具有和系统控制中心通信的能力。综合自动化系统本身已具有对模拟量、开关量、电能脉冲量进行数据采集和数据处理的功能，还收集继电保护动作信息、事件顺序记录等，因此不必另设独立的 RTU，不必为调度中心单独采集信息。综合自动化系统采集的信息可以直接传送给调度中心，同时也可以接受调度中心下达的控制、操作命令和在线修改保护定值命令。

第四，模块化结构，可靠性高。综合自动化系统中的各功能模块都由独立的电源供电，输入/输出回路也相互独立，因此任何一个模块故障都只影响局部功能，不会影响全局。由于各功能模块都是面向对象设计的，因此软件结构较集中式的更为简单，便于调试和扩充。

第五，室内工作环境好，管理维护方便。分层分布式系统采用集中组屏结构，显示屏全部安放在控制室内，工作环境较好，电磁干扰比放于开关柜附近弱，便于管理和维护。

分布集中式结构的主要缺点是安装时需要的控制电缆相对较多，增加了电缆投资成本。

（三）分布式与集中式相结合的结构

分布式的结构，虽具备分级分层、模块化结构的优点，但因为采用集中组屏结构，因此需要较多的电缆。随着微控制器技术和通信技术的发展，可以考虑将每个电网元件作为对象，集测量、保护、控制为一体，设计在同一机箱中。对于 6 ~ 35 kV 的配电线路，这样一体化的保护、测量、控制单元就分散安装在各开关柜内，构成智能化开关柜，然后通过光纤或电缆网络与监控主机通信，这就是分布式结构。考虑环境等因素，高压线路保护和变压器保护装置仍可采用组屏安装在控制室内。这种将配电线路的保护和测控单元分散安装在开关柜内，而高压线路保护和主变压器保护装置等采用集中组屏的系统结构，就称为分布和集中相结合的结构。这是当前综合自动化系统的主要结构形式，也是今后的发展方向。

四、变电站综合自动化的优点

变电站综合自动化为电力系统的运行管理自动化水平的提高打下了基础。它具有以下优点。

第一，简化了变电站二次部分的硬件配置，避免了重复配置。因为各子站采集数据后，可通过局域网（LAN）共享。例如，就地监控和远动所需要的数据不再需要自己采集，专用的故障录波器可以省去，常规的控制屏、中央信号屏、站内的主接线模拟屏等也都可以取消。配电线路的保护和测控单元，分散安装在各开关柜内，减少了主控室保护屏的数量，主控室面积大大缩小，利于实现无人值班。

第二，简化了变电站各二次设备之间的连线。因为系统的设计思想是子站按一次设备为单元组织，例如一条出线一个子站，而每个子站将所有二次功能组织成一个或几个箱体装在一起。不同子站之间除用通信媒介连成 LAN 外，几乎不再需要任何连线。从而使变电站二次部分连线变得非常简单和清晰，尤其是当保护下放时，所节省的强电电缆数量是相当可观的。

第三，减轻了安装施工和维护工作量，也降低了总造价。由于各子站之间没有互联线，而每个子站的智能化开关柜的保护和测控单元在开关柜出厂前已由厂家安装和调试完毕，再加上敷设电缆数量大大减少，因此现场施工、安装和调试的工期都大幅缩短，实践证明总造价可以下降。实际上还应计因维护工作量下降（可无人值班）而减少的运行费用。

第四，系统可靠性高，组态灵活，检修方便。分层分布式结构，由于分散安装，减小了 TA 的负担。各模块与监控主机间通过局域网络或现场总线连接，抗干扰能力强，可靠性高。

第二节　配电网及其馈线自动化

一、配电网的构成及特点

电力网分为输电网和配电网。从发电厂发出的电能通过输电网送往消费电能的地区，再由配电网将电力分配至用户。配电网就是从输电网接收电能，再分配给各用户的电力网。配电网也被称为配电系统。

配电网和输电网，原则上是按照它们在某一发展阶段的功能划分的，而具体到一个电力系统中，是按照电压等级确定的。不同的国家对输电网和配电网的电压等级划分是不一致的。

我国规定：输（送）电电压为 220 kV 及以上为输电网；配电电压等级分为三类，即高压配电电压（110 kV、60 kV、35 kV）、中压配电电压（10 kV）、低压配电电压（220/380V）。与上述电压等级相对应，配电网按电压等级又可分为高压配电网、中压配电网和低压配电网。

（一）配电变电站

配电变电站是变换供电电压、分配电力，并对配电线路及配电设备实现控制和保护的配电设施。它与配电线路组成配电网，实现分配电力的功能。配电变电站接受电力的进线电压通常较高，经过变压之后以一种或两种较低的电压为出线电压输出电力。

在我国，常将 10/0.4 kV 具备配电和变电功能的配电变电站称为配电所，将不具备变电功能而只具备配电功能的配电装置简称为开关站。安装在架空配电线路上用作配电的变压器实际上是一种最简单的中压配电变电所。这种变压器接线简单，一路中压进线，经变压后的低压线路沿街道的各个方向分成几路向用户供电。这种变压器通常放在电线杆上

（也有放在地面上的），在变压器的高、低压侧分别装有跌落式熔断器作为过电流保护开关，装有避雷器提供防雷保护。这种中压配电变压器通常被称为配电变压器。

（二）配电线路

配电线路是向用户分配电能的电力线路。我国将 110 kV 及以下的电力线路都列为配电线路，其中较高电压等级的配电线路，在农村配电网和小城市中往往成为该配电网的唯一电源线，因而也会发挥输电作用。

按运行电压不同，配电线路可分为高压配电线路（35 ~ 110 kV）（或称次输电线路）、中压配电线路（10 kV）（或称一次配电线路）和低压配电线路（220/380 V）（或称二次配电线路）三大类。各级电压的配电线路可以构成配电网，也可以直接以专线向用户供电。按结构不同，配电线路可分为架空配电线路与电缆配电线路；按供电对象不同，可分为城市配电线路与农村配电线路。

配电网由配电变电站和配电线路组成。通过各种电力元件（包括变压器、母线、断路器、隔离开关、配电线路）可以将配电网连成不同结构。配电网基本分为放射式和环网式两大类型。在放射式结构中，电能只能通过单一路径从电源点送至用电点；在环网式结构中，电能可以通过两个以上的路径从电源点送往用电点。环网式结构又可分为多回路式、环式和网络式三种形式。

（三）配电网的特点

第一，点多、面广、分散。配电网处于电力网的末端，它一头连着电力系统的输电网，一头连着电能用户，直接与城乡企事业单位以及千家万户的用电设备和电器相连接。这就决定了配电网是电力系统中分布面积最广、电力设备数量最多、线路最长的一部分。

第二，配电线路、开关电器和变压器结合在一起。在输电网和高压配电网中，电力线路从一座变电站（或发电厂）出来接入另一座变电站，中间除电力线路以外就不再经过其他电力元件了。而在中压配电网和低压配电网中则不完全是这样。一条配电线路从高压配电变电站出来（出线电压在我国为 10 kV）往往就进入城市的一条街道。配电线沿街道延伸的同时，会在电线杆上留下一个个杆上变压器、断路器和跌落式熔断器。这些杆上电力元件和配电线结合在一起，像是配电线路的一部分。这些杆上电力元件不仅数量多、分散，而且工作环境恶劣（日晒、雨淋、冰雪、霜冻、风吹、结露等）。

二、馈线自动化的主要组成

馈线自动化（FA）指配电线路的自动化，是配网自动化的一项重要功能。由于变电站自动化是相对独立的一项内容，实际上在配网自动化实现以前，馈线自动化就已经发展并完善，因此，在一定意义上可以说配网自动化主要指的就是馈线自动化。不管是国内还是国外，在实施配网自动化时，也确实都是从馈线自动化开始的。

在正常状态下，馈线自动化实时监视馈线分段开关与联络开关的状态，以及馈线电流、电压情况，实现线路开关的远方或就地合闸和分闸操作；在发生故障时，获得故障记录，并能自动判别和隔离馈线故障区段，迅速对非故障区域恢复供电。

（一）馈线终端

配电网自动化系统远方终端有以下几种：①馈线远方终端，包括馈线终端设备（FTU）和配电终端设备（DTU）。②配电变压器远方终端（TTU）。③变电所内的远方终端（RTU）。

FTU分为三类：户外柱上FTU、环网柜FTU和开闭所FTU。所谓DTU，实际上就是开闭所FTU。三类FTU的应用场合不同，分别安装在柱上、环网柜内和开闭所。但其基本功能是一样的，都包括遥信、遥测和遥控，以及故障电流检测等功能。

FTU/TTU在配电管理系统（DMS）中的地位和作用和常规RTU在输电网能量管理系统（EMS）中的地位和作用是等同的，但是配电网远方终端并不等同于传统意义上的RTU。一方面，配电自动化远方终端除了承担RTU的四遥功能外，更重要的是它还需承担故障电流检测、低频减载和备用电源自投等功能，有时甚至还需要承担过流保护等原来属于继电保护的功能。因此，从某种意义上讲，配电远方终端比RTU的智能化程度更高，实时性要求也更高，实现的难度也就更大。另一方面，传统的 RTU 往往要么集中安装在变电所控制室内，要么分层分布地安装在变电所各开关柜上，但总的来说基本上都安装在环境相对较好的户内。而配电自动化远方终端不同，虽然它也有少量设备安装在户内（开闭所 FTU），但更多的设备往往安装在电线杆上、马路边的环网柜内等环境非常恶劣的户外，因而对配电自动化远方终端设备的抗震、抗雷击、低功耗、耐高低温等性能要求比传统 RTU 要高得多。

（二）重合器

自动重合器是一种能够检测故障电流，在给定时间内断开故障电流并能进行给定次数重合的一种有"自具"能力的控制开关。所谓自具，即本身具有故障电流检测和操作顺序控制与执行的能力，无须附加继电保护装置和另外的操作电源，也不需要与外界通信。现有的重合器通常可进行 3 ~ 4 次重合。如果重合成功，则重合器自动中止后续动作，并经一段延时后恢复到预先的整定状态，为下一次故障做好准备。如果故障是永久性的，则重合器经过预先整定的重合次数后，就不再进行重合，即闭锁于开断状态，从而将故障线段与供电源隔离开来。

重合器在开断性能上与普通断路器相似，但比普通断路器有更多次重合闸的功能；在保护控制特性方面，则比断路器"智能"很多，能自身完成故障检测，判断电流性质，执行开合操作，并能记忆动作次数，恢复初始状态，完成合闸闭锁等。

不同类型的重合器，其闭锁操作次数、分闸快慢动作特性及重合间隔时间等不尽相同，其典型的"四次分段、三次重合"的操作顺序为：分 $\xrightarrow{t_1}$ 合分 $\xrightarrow{t_2}$ 合分 $\xrightarrow{t_3}$ 合分。其中 t_1、t_2 表示间隔时间，是可以调整的，随产品不同而异。重合次数及重合闸间隔时间可根据运行需要进行调整。

（三）分段器

分段器是提高配电网自动化程度和可靠性的又一种重要设备。分段器必须与电源侧前级主保护开关（断路器或重合器）配合，在无压的情况下自动分闸。当发生永久性故障时，分段器在预定次数的分合操作后闭锁于分闸状态，从而达到隔离故障线路区段的目的。若分段器未完成预定次数的分合操作，故障就被其他设备切除了，分段器将保持在合闸状态，并经一段延时后恢复到预先整定状态，为下一次故障做好准备。分段器可开断负荷电流、关合短路电流，但不能开断短路电流，因此不能单独作为主保护开关使用。

电压－时间型分段器有两个重要参数需要整定：时限 X 和时限 Y。时限 X 是指从分段器电源侧加压开始，到该分段器合闸的时间，也称为合闸时间。时限 Y 称为故障检测时间，它的作用是：当分段器关合后，如果在 Y 时间内一直可检测到电压，则 Y 时间之后发生失压分闸，分段器不闭锁，当重新来电时还会合闸（经 X 时限）；如果在 Y 时间内检测不到电压，则分段器将发生分闸闭锁，即断开后来电也不再闭合。$X > Y > t_1$（t_1 为从分段器源端断路器或重合器检测到故障起到跳闸止的时间）。

电压－时间型分段器有两种功能：第一种是在正常运行时闭合的分段开关；第二种是正常运行时断开的分段开关。当电压－时间型分段器作为环状网的联络开关并开环运行时，作为联络开关的分段器应当设置在第二种功能；而其余的分段器则应当设置在第一种功能。

三、馈线自动化的实现方式

馈线自动化方案可分为就地控制和远方控制两种类型。前一种依靠馈线上安装的重合器和分段器自身的功能来消除瞬时性故障和隔离永久性故障，不需要和控制中心通信即可完成故障隔离和恢复供电；而后一种是由 FTU 采集到故障前后的各种信息并传送至控制中心，由分析软件分析后确定故障区域和最佳供电恢复方案，最后以遥控方式隔离故障区域，恢复正常区域供电。

就地控制方式的优点是，故障隔离和自动恢复送电由重合器自身完成，不需要主站控制，因此在故障处理时对通信系统没有要求，所以投资省、见效快。其缺点是，这种实现方式只适用于配电网络相对比较简单的系统，而且要求配电网运行方式相对固定。另外，这种实现方式对开关性能要求较高，而且多次重合对设备及系统冲击大。早期的配网自动化只是单纯地为了隔离故障并恢复非故障区供电，还没有提出配电系统自动化或配电管理自动化，就地控制方式是一种普遍的馈线自动化实现方式。

远方控制方式由于引入了配电自动化主站系统，由计算机系统完成故障定位，因此故障定位迅速，可快速实现非故障区段的自动恢复送电，而且开关动作次数少，对配电系统的冲击也小。其缺点是需要高质量的通信通道及计算机主站，投资较大，工程涉及面广、复杂；尤其是对通信系统要求较高，在线路故障时，要求相应的信息能及时传送到上级站，上级站发送的控制信息也能迅速传送到FTU。

比较就地控制和远方控制两种实现方式，虽然就地控制方式由于不需要主站控制，对通信系统没有要求，而在总体价格上有一定的优势，但是从配电网络本身的改造来看，就地控制所依赖的重合器的价位要数倍于负荷开关，这在一定程度上妨碍了该方案的大范围使用。相比之下，远方控制所依赖的负荷开关在城网改造项目中具有价格上的优势，在保证通信质量的前提下，主站软件控制下的故障处理能够满足快速动作的要求。因此，从总体上来说，远方控制方式具有明显的优势，而且随着电子技术的发展，电子、通信设备的可靠性不断提高，计算机和通信设备的造价也会越来越低，预计将来会广泛地采用配电自动化主站系统配合遥控负荷开关、分段器实现故障区段的定位、隔离及恢复供电，能够克服就地控制方式的缺点。

四、远方控制的馈线自动化

FTU是一种具有数据采集和通信功能的柱上开关控制器。在故障时，FTU将故障时的信息通过通道送到变电站，与变电站自动化的遥控功能相配合，对故障进行一次性的定位和隔离。这样，既免去了由于开关试投所增加的冷负荷，又大大加速了自动恢复供电的时间（由大于20 min加快到约2 min）。此外，如有需要，还可以自动启动负荷管理系统，切除部分负荷，以解决可能还需面对的冷负荷问题。

典型的基于FTU的远方控制馈线自动化系统中，各FTU分别采集相应柱上开关的运行情况，如负荷、电压、功率和开关当前位置、储能完成情况等，并将上述信息由通信网络发往远方的配电网自动化控制中心。各FTU接受配电网控制中心下达的命令进行相应的远方倒闸操作。

在发生故障时，各 FTU 记录下故障前及故障时的重要信息，如最大故障电流和故障前的负荷电流、最大故障功率等，并将上述信息传至配电网控制中心，经计算机系统分析后确定故障区段和最佳供电恢复方案，最终以遥控方式隔离故障区段、恢复正常区段供电。

第三节　远程自动抄表计费系统

一、远程自动抄表计费系统概述

随着现代电子技术、通信技术以及计算机及其网络技术的飞速发展，电能计量手段和抄表方式也发生了根本性变化。电能自动抄表系统（AMR）是一种采用通信和计算机网络技术，将安装在用户处的电能表所记录的用电量等数据，通过遥测、传输汇总到营业部门，代替人工抄表及后续相关工作的自动化系统。

电能自动抄表系统提高了用电管理的现代化水平。使用自动抄表系统，不仅能节约大量的人力资源，而且可提高抄表的准确性，减少因估计或誊写而造成的账单错误，使供用电管理部门能得到及时、准确的数据信息。同时，电力用户不再需要与抄表者预约抄表时间，还能迅速查询账单，因此自动抄表系统深受用户的欢迎。随着电价的改革，供电部门为迅速出账，需要从用户处尽快获取更多的数据信息，如电能需量、分时电量和负荷曲线等，而使用自动抄表系统可以方便地完成上述操作。电能自动抄表系统已成为配电网自动化的重要组成部分。

二、远程自动抄表系统的构成

远程自动抄表系统主要包括四个部分：具有自动抄表功能的电能表、抄表集中器、抄表交换机和中央信息处理机。抄表集中器是将多台电能表连接成本地网络，并将它们的用电量数据集中处理的装置，其本身具有通信功能，且含有特殊软件。当多台抄表集中器需联网时，所使用的设备就称为抄表交换机，它可与公共数据网接口。有时抄表集中器和抄表交换机可合二为一。中央信息处理机是利用公用数据网将抄表集中器所集中的电能表数据抄回并进行处理的计算机系统。

（一）电能表

电能表具有自动抄表功能，能用于远程自动抄表系统的电能表有脉冲电能表和智能电能表两大类。

1. 脉冲电能表

它能够输出与转盘数成正比的脉冲串。根据其输出脉冲的实现方式的不同，又可分为电压型脉冲电能表和电流型脉冲电能表。电压型电能表的输出脉冲是电平信号，采用三线传输方式，传输距离较近；而电流型电能表的输出脉冲是电流信号，采用两线传输方式，传输距离较远。

2. 智能电能表

它传输的不是脉冲信号，而是通过串行口，以编码方式进行远方通信，因而具有较高的准确性和可靠性。按智能电能表的输出接口通信方式划分，智能电能表可分为 RS-485 接口型和低压配电线载波接口型两大类。RS-485 智能电能表是在原有电能表内增加了 RS-485 接口，使之能与采用 RS-485 型接口的抄表集中器交换数据；载波智能电能表则是在原有电能表内增加了载波接口，使之能通过 220 V 低压配电线与抄表集中器交换数据。

3. 电能表的两种输出接口比较

输出脉冲方式可以用于感应式和电子式电能表，技术简单，但其在传输过程中，容易发生丢脉冲或多脉冲现象，而且由于不可以重新发送，当计算机因意外中断运行时，会造成一段时间内对电能表的输出脉冲没有计数，导致计量不准。此外，脉冲电能表的功能单一，一般只能输送电能信息，难以获得最大需电量、电压、电流和功率因数等多项数据。

串行通信接口输出方式可以将采集的多项数据以通信规约规定的形式做远距离传输，一次传输无效，还可以再次传输，这样抄表系统即使暂时停机也不会对其造成影响，保证了数据上传的可靠性。串行通信方式只能用于采用微处理器的智能电子式电能表和智能机械电子式电子表，而且由于通信规约的不规范，各厂家的设备之间不便于互联。

（二）抄表集中器和抄表交换机

抄表集中器是将远程自动抄表系统中的电能表的数据进行一次集中的装置。对数据进行集中后，抄表集中器再通过电力载波等方式继续上传数据。抄表集中器能处理脉冲电能表的输出脉冲信号，也能通过 RS-485 方式读取智能电能表的数据，通常具有 RS-232、RS-485 方式或红外线通道用于与外部交换数据。

抄表交换机是远程抄表系统的二次集中设备。它集结的是抄表集中器的数据，然后再通过公用电话网或其他方式传输到电能计费中心的计算机网络。抄表交换机可通过 RS-485 或电力载波方式与各抄表集中器通信，而且也具有 RS-232、RS-485 方式或红外线通道用于与外部交换数据。

（三）电能计费中心的计算机网络

电能计费中心的计算机网络是整个自动抄表系统的管理层设备，通常由单台计算机或计算机局域网再配合以相应的抄表软件组成。

第四节　负荷控制技术

一、电力系统负荷控制的必要性及其经济效益

电力系统负荷控制系统是实现计划用电、节约用电和安全用电的技术手段，不加控制的电力负荷曲线是很不平坦的，上午和傍晚会出现负荷高峰，而在深夜，负荷很小又会形成低谷，一般最小日负荷仅为最大日负荷的40%左右。这样的负荷曲线对电力系统是很不利的。从经济方面看，如果只是为了满足尖峰负荷的需要而大量增加发电、输电和供电设备，在非峰负荷时间里就会造成很大的浪费，可能有占容量1/5的发变电设备每天仅仅工作一两个小时。而如果按基本负荷配备发变电设备容量，又会使1/5的负荷在尖峰时段得不到供电，也会造成很大的经济损失。上述矛盾是很尖锐的。另外，为了跟踪负荷的高峰和低谷，一些

发电机组要频繁地启停，既增加了燃料的消耗，又缩短了设备的使用寿命。同时，这种频繁的启停，以及系统运行方式的相应改变，必然增加电力系统故障的风险，影响安全运行；从技术方面看，这对电力系统也是不利的。

如果通过负荷控制，削峰填谷，使日负荷曲线变得比较平坦，就能够充分利用现有电力设备，从而推迟投入扩建资金，并可减少发电机组的启停次数，延长设备的使用寿命，降低能源消耗；同时对稳定系统的运行方式、提高供电可靠性也大有裨益。对用户来说，如果错峰用电，可以减少电费支出。因此，建立一种市场机制下用户自愿参与的负荷控制系统，可形成双赢或多赢的局面。

二、负荷控制装置的种类

目前，电力系统中运行的负荷控制装置有分散负荷控制装置和远方集中负荷控制系统。分散负荷控制装置功能有限，不灵活，但价格便宜，可用于一些简单的负荷控制。例如，用定时开关控制路灯和固定调峰装置设备；用电力定量器控制一些用电指标比较固定的负荷等。远方集中负荷控制系统的种类较多，根据采用的通信传输方式和编码方法的不同，可分为音频电力负荷控制系统、无线电电力负荷控制系统、配电线载波电力负荷控制系统、工频负荷控制系统和混合负荷控制系统。在我国，负荷控制方式主要有无线电负荷控制和音频负荷控制，此外还有工频负荷控制、配电线载波负荷控制和电话线负荷控制等。在欧洲多采用音频控制，在北美较多采用无线电控制方式。

电力负荷控制系统由负荷控制中心和负荷控制终端组成。电力负荷控制中心是可对各负荷控制终端进行监视和控制的主控站，应当与配电调度控制中心集成在一起。电力负荷控制终端是装设在用户处，受电力负荷控制中心的监视和控制的设备，也称被控端。

负荷控制终端又可分为单向终端和双向终端。单向终端只能接收电力负荷控制中心的命令；双向终端能与电力负荷控制中心进行双向数据传输，实现就地控制功能。

三、负荷控制系统的基本层次

根据目前负荷管理的现状,负荷控制系统以市(地)为基础较合适。在规模不大的情况下,可不设县(区)负荷控制中心,而让市(地)负荷控制中心直接管理各大用户和中、小重要用户。

四、无线电负荷控制系统

无线电负荷控制系统在配电控制中心装有计算机控制的发送器。当系统出现尖峰负荷时,发射器按事先安排好的计划发出规定频带的无线电信号,分别控制一大批可控负荷。在参加负荷控制的负荷处装有接收器,当收到配电控制中心发出的控制信号时,接收器控制跳开负荷开关。这种控制方式适合于控制范围不大、负荷比较密集的配电系统。

国家无线电管理委员会已为电力负荷监控系统划分了可用频率,并规定调制方式。具体使用的频率要与当地无线电管理机构商定。

在无线电信息传输过程中,信号受到干扰的可能性很大,会影响负荷控制的可靠性。为了提高信号传输过程中的抗干扰能力,常采取一些特殊的编码。比如编码方式可以采用三个频率组成一个码位,每一位都由具有固定持续时间和顺序的三个不同频率组成。每个频率的持续时间为 15 ms,每一位码为 45 ms,每个码位间隔 5 ms。当音调顺序为 ABC 时,表示该码元为"1";当音调顺序为 ACB 时,则表示该码元为"0"。每 15 位码元组成一组信息码,持续时间为 750 ms。译码器必须按每一码元的频率、顺序和每一频率的持续时间接收、鉴别和译码。要对每一码元进行计数,如果不是 15 位就认为有误而拒收。在一组码中,前面 7 位是被控对象的地址码,接下去 2 位是功能码(有告警、控制、开关状态显示、模拟量遥测四种功能),最后 6 位为数据码,即告警代号、开关号或模拟量的读数。

主控制站利用控制设备和无线电收发信装置发出指令,可同时控制 128 个被控站。主控制站也能从被控站接收各种信息,并自动打印和显示,同时存入磁盘供分析检查之用。

五、音频负荷控制系统

音频负荷控制系统是指将 167 ~ 360 Hz 的音频电压信号叠加到工频电场波形上，直接传送至用户进行负荷控制的系统。这种方式利用配电线作为信息传输的媒体，是最经济的传送控制信号的方式，适合于控制范围很广的配电系统。

音频控制的工作方式与电力线载波类似，只是载波频率为音频范围。与电力线载波相比，它传播更有效，有较强的抗干扰能力。在选择音频控制频率时，要避开电网的各次谐波频率，选定前要对电网进行测试，使选用的频率具有较好的传输特性，又不受电网谐波的影响。目前，世界上各国选用的音频频率各不相同，例如，德国为 183.3 Hz 和 216.6 Hz，法国为 175 Hz，也有采用 316.6 Hz 的国家。另外，采用音频控制的相邻电网，要选用不同的频率。

因为音频信号也是工频电源的谐波分量，它的电平太高会给用户的电气设备带来不良影响。多种试验研究表明：注入 10 kV 级时，音频信号的电平可为电网电压的 1.3% ~ 2%；注入 110 kV 级时，则可高到 2% ~ 3%。音频信号的功率为被控电网功率的 0.1% ~ 0.3%。

六、负荷管理与需方用电管理

负荷管理（LM）的直观目标，就是通过削峰填谷使负荷曲线尽可能变得平坦。要实现这一目标，有的可由 LM 独立完成，有的则需与配电数据采集与监控系统（SCADA）、配电网地理信息系统的自动绘图（AM）、设备管理（FM）和地理信息系统（GIS）及其他高级应用软件（PAS）配合实现。

需方用电管理（DSM）则从更大的范围来考虑这一问题。它通过发布一系列经济政策以及应用一些先进的技术来影响用户的电力需求，以达到减少电能消耗、推迟甚至少建新电厂的效果。这是一项充分调动用户参与积极性、充分利用电能，进而改善环境的系统工程。

第五节　配电网综合自动化

配电网综合自动化是近年才出现的，其基本特点是综合考虑配电网的监控、保护、远动和管理等工作，构成一个综合系统来完成传统方式中由分立的监控、保护、远动和管理装置完成的工作。为了对配电网综合自动化有一个较系统的了解，下面介绍一个我国自行研制开发的"城市配电网综合自动化系统"。该系统针对的是城市配电网的中低压配电网，主要有以下三个特点：①柱上开关综合远动装置具有远动终端（FTU）、断路器控制和继电保护装置的功能，这是"综合"的第一层含义。②实现了配电线载波通信，经济可靠，较好地解决了配电网自动化中的通信问题，为实现配电网综合自动化提供了物质保证。③实现了配电网自动监视与控制、配电网在线管理，用户用电量自动化抄表和偷漏电自动监测三者的协调统一，这是"综合"的第二层含义。

一、系统结构

城市配电网综合自动化系统的中压（10 kV）配电网是环网或双端供电结构，每台中压配电变压器都能从两侧获得电源。中压配电网沿城市街道配置。低压（220/380 V）配电网配置在大街小巷向用户供电。整个配电网由设在配电网调度所的 4 台微型计算机控制和管理，其中，1PKJ 和 2PKJ 为配电网调度控制计算机，YGJ 为用电管理计算机，PGJ 为配电管理计算机。柱上开关综合远动装置、变压器终端、远程抄表终端、电表探头等完成现场任务。由于该配电网自动化系统的二次设备均以微处理器为基础构成，实际上每一个终端设备都是一台微型计算机。

系统中配电网调度所内的调度控制计算机、配电管理计算机、用电管理计算机以及公用外设（如打印机管理站、电子模拟盘接口）等设备之间采用局域网方式通信。该局域网还可与上级调度所 SCADA 系统、中压通信网等网络通过网关和网桥联网。

局域网的主要特点是信息传输距离比较近，把较小范围的数据设备连接起来，相互通信。局域网大多用于企、事业单位的管理和办公自动化。局域网可以和其他局域网或远程网相连。局域网有如下特点。①传输距离较近，一般为 0.1 ～ 10 km。②数据传输速率较高，通常为 1 ～ 20 Mbit/s。③误码率较低，一般为 $10^{-8} \sim 10^{-7}$。

城域网是指配电网调度所到高压配电站之间的数据信息通信网。城域网的通信信道在城市中压配电网自动化系统建设之前就已形成，它可以是电缆、载波或微波。在城域网中，各变电站网关与配电网调度所的局域网相连，无中继时通信距离可达 30 km。

中压通信网是系统数据通信网的第三级。它以 10 kV 电力线载波作信道，将众多柱上开关的综合远动装置、变压器远动终端、远程抄表终端与高压变电站网关按总线方式连接。每个变电站构成一个中压通信网络。高压变电站不止两座，可能有几座、十几座甚至几十座，配电线路多为双回线，所以，在一个城市配电网中会有多个中压通信网，且网络结构复杂。利用配电线路载波的一个好处是可以在 10 kV 线路的任何一处将柱上开关综合远动装置、变压器终端等设备入网。理论和实践表明，变电站的高压变压器和 10 kV 线路上支接的中压配电变压器的带通特性，能将载波信号限制在 10 kV 中压系统中，向上不会影响高压系统的载波通信，向下也不会影响低压 220/380 V 系统中电压的波形。配电网调度所中的局域网、调度所与高压变电站之间的城域网不同，在该配电网综合自动化系统中有十几个独立的中压通信网与城域网相连。在该系统中，几乎所有的自动化功能都要通过中压通信网实现。中压通信网是该配电网综合自动化的核心。

低压通信网是该系统数据通信网的第四级。它以 220/380 V 配电线路作为载波通道，主要用于低压远程抄表和偷漏电监测。每个用户变压器的低压侧构成一个总线式低压通信网。

二、系统功能

（一）配电网自动化

配电网自动化是配电网综合自动化系统最重要的子系统。它由配电调度所的调度控制计算机、变电站网关和柱上开关综合远动装置构成，信息在城域网、中压通信网和局域网中传输。调度控制计算机采用双机配置，互为备用，除实时控制外，还兼作计算机通信网络管理机。配电网自动化系统实现如下功能。

1. 遥控柱上开关跳闸和合闸

调度员在配电网调度所通过鼠标操作，在大屏幕显示的模拟图上点取开关图形，调度控制计算机将命令通过城域网发送至设在变电站的网关，再由网关进行通信协议转换并将信息转发到中压通信网，最后传送到柱上开关综合远动装置，发出跳闸或合闸命令，使开关动作。

2. 遥信和遥测

由柱上开关综合远动装置检测通过该断路器的电流及断路器的分合状态，并不断地将测得的信息通过中压通信网设在变电站的网关、城域网传送到配电网调度所。最后将配电网的运行结构和参数显示在调度所的屏幕显示器上。

3. 故障区段隔离

某段线路发生短路故障时配电网自动系统动作如下：①变电站出线断路器速断或延时跳开。②因变电站出线断路器跳开而失电，线路的柱上开关综合远动装置自动发出跳闸脉冲跳开它所控制的开关。③变电站出线断路器自动重合。④由调度人员投合有关的断路器，隔离故障，恢复供电。

由于柱上开关和变电站出线断路器的分合状态、重合闸动作等信号能够及时传到配电网调度所的调度控制计算机，并实时显示在显示屏幕上，因此调度人员可以根据画面上显示的故障区段和重合闸情况，通过调度控制计算机遥控相应开关的分合来隔离故障，恢复非故障区段供电。

4. 继电保护和合闸监护

柱上开关综合远动装置具有短路保护功能，如果由它控制的柱上开关具有切断短路电流的能力，则可以实现合闸监护。无论是隔离故障，还是因需要改变运行方式，在遥控闭合开关时，由配电网调度中心向柱上开关综合远动装置发令，使开关闭合。如果有故障，柱上开关综合远动装置的继电保护装置会自动切除它控制的开关，而不会导致变电站的断路器跳闸。这对供电可靠性是很有好处的。

5. 单相接地区段判断

柱上开关综合远动装置可"感知"单相接地故障，并自动对它所监控开关上通过的电流采样录波。配电网自动化系统将配电网中诸多开关处的电流波形汇集到调度控制计算机。调度控制计算机通过分析、计算即可判断出接地的线路区段，并显示在大屏幕上，同时发出音响报警，通知检修人员处理。运行经验表明，配电网90%以上的故障是单相接地。本项功能能够有效缩短查找接地点所需的时间并减轻劳动强度。

6. 越限报警

如果配电网出现电流越限，配电网调度中心的调度控制计算机的多媒体音响就会发出越限报警声音，大屏幕显示电流越限的线路及其通过的电流值闪烁。

7. 事故报警

当配电网发生故障时，配电网调度中心的调度控制计算机的多媒体音响就会发出事故报警声音，大屏幕上显示故障线路段的闪烁提示。

8. 操作记录

配电网中所有开关操作都自动记录在配电网调度中心（所）调度控制计算机的数据库中，可定时或根据需要打印报表。

9. 事故记录

事故报警和越限报警事件均按顺序记录在配电网调度控制计算机的数据库中，可定时或根据需要打印报表。

10. 配电网电压监控

监视配电网电压水平，通过遥控投切电力电容器，改变变压器分接头位置，控制配电网电压水平。

11. 配电网运行方式优化

改变配电网环网的开环运行点，调整线路负荷，使配电网的总网损最小。

12. 负荷控制

不仅能远方控制大用户负荷的切除和投入，而且能对小用户的负荷进行控制。

（二）在线配电管理

由于中低压配电网中变电点、负荷点多，线路长且分布面广，设备的运行条件差，因此，中低压配电网的远动装置问题长期不能得到解决，加上中低压配电设备的运行状态多变，使得调度所很难获得中低压配电网在线运行状态和参数，配电管理工作一直处于十分落后的状态。该系统较好地解决了配电网调度自动化的通信问题，加上多功能的柱上开关综合远动装置和变压器远动终端的成功应用，也为在线配电管理创造了条件。在线配电管理的功能如下。

1. 配电变压器远方数据采集

变压器终端采集电压、电流、有功、无功和电量，并具有平时累计、定时冻结、分时段和峰谷统计等功能，然后经中压通信网送到网关，再送到设在配电网调度所的配电管理计算机数据库中。

2. 网损分析统计

配电管理计算机对所有配电变压器的在线运行数据进行分析统计，计算整个城市配电网以及各子网和每条线路的网损等各种技术经济指标。

3. 在线地理信息系统

在屏幕上显示街区图和符合地理位置的配电线路和变压器符号，以及配电线、配电变压器的技术数据和投入运行的时间等技术管理资料，并可进行打印。

4. 在线进行系统变动设计

因为有在线地理信息系统，所以在进行已有设备更换和新增设备、用户时，可以在屏幕上进行研究和设计，并且在工程完成后及时修改在线地理信息，保证现场系统、设备的技术数据及地理位置与图纸资料一致。

（三）远程自动抄表和用电监测

1. 远程自动抄表

远程抄表终端经 220/380 V 低压载波数据通信网从用户电表探头处获得各用户电度表上的用电量，再经中压通信网、网关、城域网送入配电网调度所的用电管理机，最后由用电管理机建立用电数据库，进行统计分析，计算电费，打印结算清单。

2. 用电监测

该项功能对用户偷电（用电而电度表不走"字"或减"字"）、漏电（电度计量不准）进行监控。该系统通过广播对时功能获得几乎同一时刻的配电变压器所送电量和用户用电电量，然后据此进行电量平衡检查，以发现偷电者和漏电者。

第五章　电气自动化的创新技术与应用

第一节　变电站综合自动化监控运维一体化与优化方案

一、变电站综合自动化安全监控与运维一体化的意义

电网作为经济社会发展重要的基础设施，是实现能源转化和电力输送的物理平台，同时，电网也是实现大范围资源优化配置、促进市场竞争的重要载体。智能电网是借助一次设备与二次设备的智能控制技术、变电站的自动化技术、远程调度自动化系统等相关技术，进而实现电力系统的智能化。目前，我国在智能变电站中建立网络化、信息化、数字化的综合自动化平台，从而确保智能变电站的安全运行。变电站综合自动系统既是智能变电站的重要组成部分，也是智能电网的核心技术。促使变电站综合自动化系统朝着安全监控与运维一体化方向发展，一方面能及时发现潜在的安全威胁并发出警告，在故障发生前采取相应措施，防止综合自动化系统的基础设施损坏；另一方面能在故障发生后，帮助运维部门及时、快速地找到故障源、追踪故障原因、制定运维方案，从而减少经济损失。因此，开展变电站综合自动化系统安全监控与运维一体化的研究具有重要意义。

（一）提高整个智能电网的安全性和可靠性

安全监控与运维一体化可以实现在监控中运维，在运维过程中进行实时监控。这样就解决了在传统监控系统中无法运维的问题，也克服了需要进行倒闸操作才能运维的传统运维弊端，真正提高了电网整体的安全性和可靠性。

（二）有广阔的发展前景

首先，一体化的发展针对整个变电站进行实时监控与及时运维，延长了一次设备的使用寿命，极大地节约了国网公司的财力及物力；其次，一体化发展简化故障上报的程序，通过自动化系统进行故障判定并维修，提高了工作效率；最后，一体化发展实现的自动运维可避免由于操作人员误入带电层所带来的隐患，保障了运维人员的安全。

变电站综合自动化安全监控与运维的发展在整个智能电网的搭建和发展历程中至关重要。一体化发展有广阔的发展前景，能有效减轻智能电网的压力，降低电网故障率，减少风险，使智能电网更加平稳、安全地运行。

二、远程监控系统在无人值守变电站中的应用

进入 21 世纪，电力系统正向高参数、大容量、超高压快速发展。随着电力体制改革的逐渐深入和电力系统规模的不断扩大，无人值守变电站已经成为电力行业发展的迫切需要。对于无人值守变电站，为了及时了解现场的工作情况，就需要远程监控系统，使之能够对变电站的关键控制区域以及变电站四周进行监控，可方便监视和控制变电站内各种设备的运行和操作，对现场发生的异常情况自动报警，以便远端值班中心操作人员及时发现和解决故障问题，主要完成对变电站环境空间的安全防范监控及对必要的生产设备实现可视化管理。

电力系统引入远程监控系统可以方便地监视和记录变电站的环境状况以及设备的运行情况，监测电力设备的发热程度，及时发现、处理事故，有助于提高电力系统自动化的安全性和可靠性，并提供事后分析事故的有关图像资料，它具有功能综合化、结构微机化、操作监视屏幕化、运行管理智能化等显著特点。

（一）应用背景

近年来，电力行业一直在致力于无人/少人值守变电站的推广应用。目前已有相当多的变电站实现了"四遥"，即遥测、遥信、遥控、遥调功能。然而，实现变电站综合全面的自动化管理，大面积推广无人值守变

电站的必要保证是建立一套完善的远程监控系统，电力行业称之为"遥视"。"遥视"功能使电力调度部门可以远程监视变电站的设备及现场环境。"遥视"作为传统"四遥"的补充，进一步提高了电力自动化系统的安全性、可靠性，因此，越来越多的电力部门把远程监控系统作为无人/少人值守变电站管理的重要手段。无人值守变电站智能化远程图像监控系统的运行监控中心和操作队承担了原有变电站运行值守人员的绝大部分职责，变电站无须专门的值班员值守，可大大减少运行值班人员，达到减人增效的目的。实施变电站无人值班是电力经营管理的重点问题，是电力企业转换机制、改革挖潜、实现减人增效、提高劳动生产率的有效途径。变电站实现无人值班是电网的科学管理水平和科技进步的重要标志。其意义在于：①实现无人值班有利于提高电网管理水平；②实现无人值班有利于提高电网安全经济运行水平；③实现无人值班有利于提高电力企业经济效益；④减员增效效果显著；⑤有利于促进电力工业的技术进步。

在电力系统自动化的监控系统中，为了降低发电成本、达到减员增效的目的，电力工业的发展要求变电站实现真正的无人值守，电力系统遥视技术对目前电力系统自动化的发展具有重要意义。

（二）视频监控发展历程

视频监控系统的发展大致经历了以下三个阶段。

1. 模拟监控方法

在 20 世纪 90 年代以前，主要是以模拟设备为主的闭路电视监控系统，采用录像机将现场情况录下来备查。录像机录下来的图像，存在清晰度不足、查询麻烦和录像带不易保存等问题，所以这种方法的使用已经越来越少。而对于较早的远程监控，存在数据量大、网络传输极其困难、需要专用线路设备、视频信号质量差、对监控系统要求高等不足。

2. 数字化本地视频监控系统

20 世纪 90 年代中期，随着计算机处理能力的提高和视频技术的发展，人们利用计算机的高速数据处理能力进行视频的采集和处理，利用显示器的高分辨率实现图像的多画面显示，从而大大提高了图像质量。

这种基于 PC 机的多媒体主控台系统称为数字化本地视频监控系统，存在数据量大、网络传输困难、视频信号质量差、对监控系统要求高等不足，且只能在局域网中工作，无法很好地满足远程监控的需要。

3. 远程视频监控系统

20 世纪 90 年代末，随着网络带宽、计算机处理能力和存储容量的快速优化，以及各种实用视频处理技术的出现，视频监控步入全数字化的网络时代，远程视频监控系统应运而生。新一代的远程监控系统是分布式的，采用基于 IP、LAN 形式的利用公共网络传输的视频监控系统，以网络为依托，以数字视频的压缩、传输、存储和播放为核心，以智能实用的图像分析为特色，引发了视频监控行业的技术革命。这样的监控系统既是计算机技术迅猛发展的产物，又是现代高科技的结晶，是图像处理和信息技术的完美结合，并且它和互联网相结合的形式非常利于客户端的智能操作。

（三）远程监控系统组成及基本原理

1. 系统组成

远程监控系统分为前端（现场）设备、通信设备和后端设备三大部分。前端设备主要包括视频服务器和其他相关设备。视频服务器负责将视频数字化，通过视频编码对图像进行压缩编码，再将压缩后的视频、报警等数据复合后通过信道经视频服务器发送到监控接收主机，也可将音频数据进行编码，复合在一起传输，同时实现声音通信。接收来自监控中心控制主机的控制信号，实现云台、镜头和灯光等控制，以及进行报警的布防和撤防。通信设备是指所采用的传输信道和相关设备。后端设备主要包括视频监控服务器和若干监控主机。视频监控服务器接收前端视频服务器发送过来的压缩视频与其他报警、温度信息，进而转发到相应的监控主机中；监控主机可以通过得到的监控信息，发送控制指令。监控主机可由多个用户同时进行监控，每个用户可同时监控多个监控主机，具有很大的灵活性。视频监控服务器除转发视频、音频数据外，还完成对各个监控系统的管理，如优先权、用户权限、日志、监控协调、报警记录等。

2. 基本原理

远程监控系统的核心是利用数字图像压缩技术实现视音频通信，视音频信号为了在数字信道上传输，必须先经过如下四步：①数字化。即通过采样和量化，将来自摄像机的模拟视频信号转化为数字信号。②数字图像压缩编码。由于数字化后的图像数据量非常庞大，必须进行压缩编码，才能在目前的信道上传输。③数据复合。即将压缩后的图像码流与其他如音频（也经过了压缩）、报警、控制等数据进行复合，并加入纠错编码，形成统一的数据流。④信道接口。是用于将数据发送到通信网的接口设备。在接收端是一个逆过程，但经解压缩后的图像数据可直接显示在计算机屏幕上，或经复合后在电视监视器显示。

（四）远程监控关键技术

无人值守变电站远程监控技术是 20 世纪 90 年代后期在计算机网络技术、通信技术和超大规模集成电路技术的基础上发展起来的一项综合性技术，包括图像的编码技术和传输技术。

1. 编码技术

要想实现远程监控，需要对视频模拟信号进行数字化和压缩，视频信号的压缩就是从时域、空域两方面去除冗余信息。目前，在众多视频编码算法中，影响最大并被广泛应用的算法是 MPEG 和 H.26x。考虑到技术的先进性和成熟性，在变电站遥视系统中采用 MPEG-4 压缩编码。

2. 传输技术

数字化视频可以在计算机网络（局域网或广域网）上传输图像数据，基本上不受距离限制，信号不易受干扰，可大幅提高图像品质和稳定性，保证视频数据的实时性和同步性。

（五）基本功能

远程监控系统作为变电站实行无人值守管理的一种必要手段，可以保障变电站安全稳定地运行，监控中心值守人员可以借助该系统实现对变电站的有效监控，及时发现变电站运行过程中的各种安全隐患。其基本功能主要有以下几个方面。

1. 报警功能

变电站远程图像监控系统所要承担的主要任务之一是从安全防范的角度，保障变电站空间范围内的建筑、设备的安全以及防盗、防火等。系统可配置各种安防报警装置安装在变电站围墙、大门、建筑物门窗等处，重点部位可使用摄像机进行 24 h 不间断视频监控，以保障变电站周边环境安全。系统也可安装各种消防报警装置，将报警信号直接输入前端主机。由于电力系统设备过热是一个不容忽视的现象，因此对重要节点、接头应能自动进行超温检测和报警，即具有超温检测功能，系统可配置金属热感探测器或红外测温装置。一旦出现警情，系统自动切换到相应摄像机，监控子站主机同时将报警信号上传至监控中心，监控中心的监控终端上显示报警点画面并有告警声提醒值班人员，同时启动数字录像。一旦有摄像机出现故障或被窃，导致视频信号丢失就会引起报警。对设定的视频报警区，一旦有运动目标进入或图像发生变化也会引起报警。

2. 管理功能

远程图像监控系统能自动管理，具有自诊断功能，可对网络、设备和软件运行进行在线诊断，并显示故障信息。系统具有较强的容错性，不会因错误操作等而导致系统出错和崩溃。同时还可以对系统中用户的使用权限和优先级进行设定，对于系统中所有重要的操作能自动生成系统运行日志。登录用户可查询系统的使用和运行情况，并能以报表方式打印输出。

3. 图像监控功能

图像监控功能包括对变电站的周边环境和设备运行与安全的监控。监控终端能灵活、清晰地监视来自变电站多个摄像机的画面，不受距离控制，同时对视频信息采集设备进行远程控制，对现场进行监听。一个监控终端可监视多个站端，多个监控终端可同时监视同一个站端。还可对监控对象的活动图像、声音、报警信息进行数字录像，具有显示、存储、检索、回放、备份、恢复、打印等功能。监控中心可远程观看、回放任一站端、任一摄像机的实时录像和历史录像。

三、变电站综合自动化系统运维技术的发展与效益

随着国民经济的快速发展，电网建设的规模不断扩大，新投入的变电站综合自动化系统越来越多。变电站安全监控系统作为一个微机实时监控系统，由于数据庞大、程序复杂、进程路径多及微机自身存在的缺点，常会出现故障或异常。同时电力系统人员无法跟随人工智能的脚步进行知识和技能的更新换代，所以无法及时掌握系统运行的全部知识，导致新投入的变电站综合自动化系统常常出现异常，且异常多为软件故障，为了一个异常有时需要工作人员驱车数百公里，这是对人力、物力资源的极大浪费。因此，对智能变电站进行安全监控并及时运维十分重要。

当前变电站的综合自动化系统都是利用网络进行连接运行的，整个系统各个模块的参数设置、状态、数据修改都能通过网络实现，这就为运维技术的实现创造了条件。远程技术的成熟为运维技术的发展提供了现实条件。运维技术应该兼具远程控制、变电站监控系统运行状况、系统运行的起停、各模块运行状况监控、程序化操作等多种功能。这样才能保证变电站综合自动化系统的长期正常运行。因机遇与挑战并存，运维技术还面临许多技术难题，例如合理稳定的远程登录方式、远程控制软件的定期运维以及保护综合自动化系统的安全等。

通过对变电站综合自动化系统进行运维，对提高变电站管理水平、打造一批专业领头人具有一定的指导作用，为形成一套成熟、完善变电站运维管理技术奠定了基础。运维在智能变电站中的使用可以带来以下三个方面的效益。

第一，运维工作标准化。将运维工作标准与变电站综合自动化系统管理标准相统一，既有利于提高运维工作的质量，也有利于整个变电站的规范化。

第二，运维效率提高。在规范化的管理模式下，运维工作及工作人员能得到更加科学化的工作分配，从而减少运维工作人员超负荷作业的情况，从而使运维效率大大提高。

第三，资源的分配更加合理。通过定期、实时的运维，及时发现系统中各个模块的问题，并及时解决问题，延长了综合自动化系统的使用

寿命，节省了大量的财力、物力。

四、变电站综合自动化安全监控与运维一体化设计

（一）一体化系统设计思路

1. 明确操作范围

如果安全监控与运维一体化系统直接在现有的变电站自动化系统中改造就会出现影响面广、工作量大、改造过程安全风险高等问题。所以设计的安全监控与运维一体化系统是在既有变电站升级改造中，重新明确操作范围，对指定模块的功能进行改造和优化。升级后的系统是集操作票监控管理、防误闭锁、远方投退软压板、远方切换定值区、位置状态不同源判断以及运维等多项功能为一体的系统。新系统具备原系统不具备或不完全具备的功能，安全监控与运维一体化系统的实现也为下一步建设安全监控与运维一体化平台奠定了坚实的基础。

2. 一体化系统设备改造的要求

第一，断路器可以实现遥控操作功能，三相联动机构位置信号的采集应采用合位、分位双位置接点，分相操作机构应采用分相双位置接点。

第二，母线和各间隔应使用电压互感器数据，无电压互感器应具备遥信和自检功能的三相带电显示装置。

第三，隔离开关应具备遥控操作功能，其位置信号的采集应采用双位置接点遥信。

第四，列入安全监控与运维一体化系统的交直流电源空气开关，应具备遥控操作功能。

第五，列入安全监控与运维一体化系统的保护装置应具备软压板投退、装置复归、定值区切换的遥控操作功能。

第六，自动化系统的二次装置应具备装置故障、异常、控制对象状态等信息反馈功能。

（二）一体化系统设计整体架构设计

1. 一体化系统组织架构设计

安全监控与运维一体化系统应由两大部分组成,分别是调度主站(主

站）和变电站（子站）。调度主站是基于智能电网调度控制平台，实现主站一体化操作功能，由内部平台交换完成权限管理、操作任务编辑解析、拓扑防误、调票选择、安全监控、指令下发、结果展示及运维等功能；智能变电站通过一体化系统配置远方程序化操作模块，完成调度主站远方一体化操作功能，并接收一体化系统的操作指令执行操作票唯一存储与调阅、模拟预演、智能防误校核和向主站上送信息数据等业务操作；双确认设备完成状态感知和智能分析。

2. 一体化系统功能架构设计

变电站安全监控与运维一体化操作系统是基于原有监控系统基础平台，采集全站一二次设备实时遥测及遥信数据，实现对智能变电站全站一二次设备的监视控制，具备本地与远方同时监控与运维的操作功能。

3. 一体化系统软件架构设计

安全监控与运维一体化操作系统是基于 Linux 操作系统的安全操作系统平台，它基于原有监控系统基础业务平台，在公共应用层同时具备实时信息监视、在线控制、实时事件处理与报警、数据存储、处理与运维等功能。同时，在应用层实现各种专业级应用，提供标准的开放性接口，支撑多专业应用无缝集成。

（三）一体化系统设计要求

1. 可靠性

（1）故障智能检测功能

安全监控与运维一体化操作系统是配置系统业务运行状态监测与管理的进程，该进程为系统守护进程，对所有业务进程的运行状态进行周期性监测，根据配置的故障诊断策略进行实时状态诊断。若监测到程序情况异常则根据配置的应对策略进行异常告警、进程重启、主备切换等操作。该系统具备软件自诊断、自恢复功能，能保障系统设备的长期稳定运行。所以该系统的系统业务模块应满足以下可靠性要求：关键设备 MTBF（平均无故障运行时间）> 20 000 h；由于偶发性故障而发生自动热启动的平均次数 < 1 次 /2 400 h。

（2）主备切换处理功能

安全监控与运维一体化操作过程中，主备切换后的服务端对于五防监控和运维程序化操作是无缝衔接的。五防监控和运维程序化的操作界面是在客户端展现的，若发生主备切换，五防监控和运维一体化操作客户端操作链接会自动切换至当前主机服务进程，从而保证数据处理与业务操作仅通过主机服务进程就可以完成。

2. 安全性

安全监控与运维一体化系统整体安全性要按三级要求设计：硬件采用国产服务器；软件采用国产安全操作系统；权限校验采用"强密码＋指纹／数据证书"双校验；主站及子站数据传输须经过纵向加密装置，从而确保数据传输安全可靠。同时网络通道连接到供电企业综合业务数据承载网络通信通道以满足电信级指标的要求，关键设备和链接冗余，起着双向保护的作用，拥有电信级故障自愈功能，支持ULAN方便的网络访问和运维，服务器是用来连接核心交换机的主要方式。某一连接处或某一装置发生故障，在主备机切换的情况下不会妨碍其他装置与系统的日常运作。

3. 易用性

安全监控与运维一体化系统运维模块的开发基于模板样式的运维图形自动生成技术，实现图模自动构建，将自定义的图元组合固化为间隔图形、设备状态、网络拓扑等模板样式，可定制业务展示需要的画面布局、设备、连线等模板样式，针对实际工程，通过组态工具选择界面图元关联的数据模型并进行位置定位，自动生成各运维画面。改扩建一键更新系统可实现一键修改更新全站的间隔名称及设备编号，包括图形、数据库、操作票、报表等数据的批量自动更新。

五、变电站综合自动化安全监控与运维一体化关键技术

（一）位置双确认技术

1. 断路器位置双确认的判断依据

对断路器位置双确认来说，一种判据方法不能保证开关分合位置的

准确性，按照国家电网要求，综合考虑开关切换之后设备电气量的实施情况，可以将断路器位置双确认判据分为位置遥信变位判据和遥测电流电压判据两种。

（1）位置遥信变位判据

位置遥信变位判据是采取分合双位置辅助接点，各相开关遥信量采用各相位置辅助接点的方式。各相断路器均采用与逻辑关系，当断路器三相分位接点同时闭合，与此同时，三相合位接点全部断开时，才能判断断路器位置遥信从合位到分位；当断路器三相分位接点同时断开，与此同时，三相合位接点全部闭合时，才能判断断路器位置遥信从分位到合位。

（2）遥测电流电压判据

遥测电流电压判据是根据三相电流或者电压的有无变化作为断路器分合位置判据。断路器分合位置的最终确认是在位置遥信判断当下分合位置的基础上追加的判据，断路器位置遥信由合位变分位时，只要"三相电流的变化情况是有流变为无流、母线（间隔）三相带电设备显示有电变为无电 / 母线（间隔）电压状态有压变为无压"或逻辑关系成立，就能断定此时断路器已处在分位状态；断路器位置遥信由分位变合位时，只要"三相电流的变化情况是无流变为有流、母线（间隔）三相带电设备显示无电变为有电 / 母线（间隔）电压状态无压变为有压"或逻辑关系成立，就能断定此时断路器已处在合位状态。

综上所述，符合位置遥信变位和遥测电流电压两种判据时，就可以准确判断出某一时刻的断路器分合位置情况。

2. 隔离刀闸位置确认的判断依据

断路器可以采用上述两种判据方式实现位置双确认，对于隔离刀闸，当下还没有统一明确有效的双确认技术实用方案。早期有人值守变电站一般都采用敞开式刀闸，有运维人员在现场检查巡视，对于隔离刀闸的断开和闭合能够清晰查看。目前的变电站普遍实现了无人值守，只有在计划运维的情况下才有运维人员赶赴现场，不能保证设备状态的实时检查。隔离刀闸长期运行会出现老化和接触不良的情况，很有可能致使分合不到位，从而导致电网系统故障。综上，实现隔离刀闸位置双确认技术对于变电站安全运维具有十分重要的意义。

（1）压力（姿态）传感器方式

压力传感器或姿态传感器双确认方式，将传感器安装到隔离开关上，采集一次设备隔离开关分合位操作时所产生的压力数据或角度位移数据。这些数据经数据采集装置分析处理后解析为辅助位置信号，统一上送至监控后台，供一体化控制系统使用。

敞开式隔离开关加装无线压力（姿态）传感器，借助传感器接收器把触头压力数据转换为辅助位置信号传送到站控层网络，如果"辅助接点"变位，且触头压力（位移角度）数据值比分、合位门槛值大，说明设备已操作到位。每一组隔离开关要装三个无线压力（姿态）传感器，A、B、C三相，主变中性点接地刀闸装一个压力（姿态）传感器。

（2）视频识别实现方式

在变电站相关位置架设以安全监控为核心的网络高清摄像机，实现站端装置获取监控信息，监控信息以接口方式实现和调度自动化系统的信息交互，隔离刀闸要全部设置好摄像机预置位信息，实现装置动作信息、监控信息和故障信息的全面联动，当装置动作、变化或故障时，摄像头会自动校准，将动作实时监控信息与调度主站信息统一呈现给运维人员，从而实现隔离刀闸位置判断的"双确认"。隔离刀闸的相位应和摄像机预置位实现关联，保证隔离刀闸每相都能和摄像机一一对应。正常状态下，隔离刀闸一相与一个摄像机位置对应，一个摄像机位置能与多个隔离刀闸对应。如果一个摄像机不能判断隔离刀闸状态，则需要多添加并单独标注一个摄像机位。关联信息应在监控系统中体现并以接线图的状态体现，这样可以快速匹配定位监控图像。隔离刀闸的位置判据与三相位置有关，两组隔离刀闸一般需要匹配三台摄像机，针对目前实际变电站的监控摄像机布置情况，很多装置并不符合标准，因此若要实现改造每个变电站的目标，还应额外布置大量网络高清摄像机。

满足上述视频摄像机布置的相关要求后实现视频识别双确认方式，就是在一体化操作程序动作时实现与辅助设备监控主机视频联动，辅助设备监控主机控制视频摄像头与一次装置位置实现一一对应，获取动作后的一次装置位置状态图像信息，并借助视频智能分析系统核算出动作后的位置状态,反馈位置状态信息到监控后台,作为辅助位置判据供一体化操作系统使用。对隔离开关的分合闸结果判断,系统还支持采用"位置遥信 + 视频识别"方式,即第一状态判据采用直接位置遥信,第二状态判据采用视频识别方式判别设备的位置状态,从而满足两个非同原理或非同源指示变化作为操作后的确认依据。

当一体化操作系统对某个隔离刀闸执行一体化操作指令时,首先向视频主机发送视频联动信息,视频主机自动显示该设备的现场图像信息,运用智能视频分析技术对隔离开关的各项指标实现智能分析,进而获取设备的状态数据参数,最后把智能分析判断执行后的结果状态反馈给一体化操作系统。

(二)一键式安全措施技术

一键式是遥控操作的方式之一,操作前提是操作票按操作项目顺序依次对系统中二次设备进行遥控。常规变电站二次维护的安全措施可在二次电缆的电气分离点附近设定。然而,在智能变电站时期,二次回路信息和数字网络改造的完成,变电站二次设备相互的信息状态越来越烦琐,这加大了操作运维人员评估二次设备故障或制定二次安全措施的难度。

目前,智能变电站二次运维安全措施的处理办法大多是基于专业技术人员的经验进行编写,仍然可以自由地用于维护一个单元的状态。然而同时运维多个设备难以确保手动发票的效率和可靠性。整个智能变电站的二次电路不可见,二次设备相互关联比较复杂,互联关系很多,在二次设备的运维或故障分析中很难隔离设备。该操作不直观,且缺乏避免错误的能力,从而使其难以掌握。用于安全措施的一键式技术使操作和维护人员只设置要运维的目标设备(组),接下来软件程序就会自动生成安全措施技术,以完成自动开票过程。

1.设备陪停库

为了辨别运维程序中各种类型的设备关联,现将有关设备分为三种类型:第一,运维设备:需要运维的目标设备,可以多个不唯一;第二,陪停设备:运维设备因安全问题从操作状态中强制撤回,陪停设备在运维过程中处于初始状态;第三,关联运行设备:是指具有直接信息并与运维设备和陪停设备交互的设备。在制定运维安全措施时，必须首先确定执行安全措施的突破点，即运维界限。运维界限在此定义为运维设备、陪停设备和相关联运行设备之间的信息交互界限，所有运维安全措施都会在运维界限的信息交互点上操作。

设备陪停库旨在表示运维设备和陪停设备之间的关系，并为所选运维设备匹配相应的陪停设备，以便程序能自动识别确认在运维设备和陪停设备之间的运维界限。

电压等级不同对应的设备配置方式也不同，所以设备陪停库是依据不同电压等级实现构建的。设备陪停库应能适应所有不同电压等级和不同接线方式的变电站，所以构建设备陪停库需要按照抽象的设备类型进行命名，不能照搬某变电站全站系统配置文件（SCD 文件）中的设备模型定义。在变电站的实际应用过程中，第一步应依据运维设备在陪停库中找到相应的设备类型；第二步应依据设备类型匹配相应的陪停设备类型；第三步应从 SCD 文件中匹配具体的陪停设备。

2. 安全措施模块和防误校验

（1）安全措施模块

目前，在保护变电站继电装置的相关事故中，意外拆卸或未能拆卸故障位置常常致使开关无故跳闸，因此，在设备中设置安全隔离措施的票证模板非常有必要，并应利用导出和导入功能来使设备完成运维工作。

（2）防误校验

在安全措施防误规则库的基础上进行防误操作检查可以对安全措施操作内容实行防误验证，还可以对安全隔离措施的可行性及正确性进行检验。防误校验借助位置模块实现智能分析和验证。

防误校验可以验证安全措施或变电站操作内容数据信息的有效性，确保最优防误方案运用于安全措施程序中，从而智能识别该方案是否符合现代典型的安全措施流程，借助典型的安全措施流程实现防误校验，核对二次回路的数据是否存在遗漏的情况。

3. 安全措施逻辑监视

安全措施逻辑监视可以监视所有辅助虚拟回路压板的正确性。如果顺序不正确，则会产生告警；操作票完成后，二次回路的压板应处于稳定状态，且模块已监测到压板的变化，立即发送压板的变化报警；当产生告警时，可以根据操作票逻辑弹出告警原因对话框，告警信息被提交至告警客户端和二次电路可视化模块，与次级电路可视化模块进行交互，以使其处于监视状态，处于该状态的次级电路可以自动位于监视界面的中心。

安全措施逻辑监视可以监视所有辅助虚拟回路压板的投退顺序，出现顺序不对或正确投退的压板忽然变化，就会产生告警；当操作票停止操作，二次虚拟回路的压板正处在平稳状态，如果监视模块发现压板变更，马上发出压板变更告警信息；一旦产生告警，可以通过操作票逻辑监视，弹出告警原因的相应对话框；将告警信息传送至告警客户端与二次虚拟回路可视化模块；实现二次虚拟回路可视化模块信息交互功能，完成监视状态的二次回路状态自动置于监视界面中央。

随着国家智能电网的科技化发展，智能变电站也将进入人工智能时代。从传统有人值守变电站到智能无人值守变电站，最后演变成智慧变电站，变电站综合自动化技术越来越完善，我国电力事业必将因此而蓬勃发展。安全监控与运维是变电站正常运营的两大根本要素，由于实际变电站工作过程中有太多不可控因素，一旦出现故障或问题就可能产生巨大影响，对电力安全绝对不能掉以轻心，变电站综合自动化系统的安全性和可靠性的优化研究具有重大意义。变电站综合自动化安全监控与运维一体化研究，使安全监控与运维形成有机整体，实现系统多级交互、互联互通。

第二节　数字技术在工业电气自动化中的应用与创新

数字化技术是现阶段我国科学技术发展的重要方面，能够应用于社会发展的各个领域，并在极大程度上提升这些领域的发展质量与效率。工业是现阶段我国经济发展的重要部门，而电气自动化可提升工业发展质量。将数字化技术应用于工业电气自动化中，能够大幅提升现阶段工业发展质量。

　　工业是现阶段我国发展的重要组成部分，而我国在发展的过程中也十分重视工业的发展。电气自动化技术的应用提升了工业发展的质量与效率，让工业发展更加符合现在社会的实际需求。我国在发展的过程中对于工业发展有更高的要求，原有的自动化技术在实际应用的过程中，其效率已经难以满足现今社会的实际需求，故而，人们将数字化技术引入工业电气化技术。利用数字化的优势提升了工业电气自动化的应用质量。现今社会是一个数字化技术飞速发展的社会，我国工业需要紧跟时代发展潮流，积极地将数字技术引入工业发展过程，提升工业发展的效率与质量。

一、数字技术在工业电气自动化中的应用优势

（一）提高操作性与可控性

1. 操作简单快捷

　　数字技术以现代计算机操作系统为基础，具有逻辑能力强、操作简单的特点。通过编写相应的指令代码，电气自动化系统即可正常工作，减少了复杂的机械操作，提高了工作效率。

2. 控制精准稳定

　　数字技术能够实现对工业电气自动化的精确控制，计算机技术和智能技术的结合，使控制过程更加稳定和可靠。

（二）提升系统稳定性与安全性

1. 多重保护机制

　　数字技术通过光纤网络和智能互感器等技术手段，对工业电气自动化进行实时监控和多重保护，提高了系统的安全性和稳定性。

2. 预测性维护

　　利用大数据技术、数字技术能够提前预测设备故障，制订预防性维护计划，减少因设备故障导致的生产中断，提高生产连续性。

（三）提高性价比与资源利用效率

1. 降低成本

数字技术的应用使得电气自动化过程中的标准性与可控性得到提高，从而在保证质量的同时降低了成本，提高了性价比。

2. 优化资源配置

通过实时数据采集和分析，数字技术能够帮助企业更好地了解生产过程中的资源消耗情况，优化资源配置，提高资源利用效率。

（四）促进智能化发展

1. 智能化控制

结合人工智能和机器学习技术，数字技术能够实现对生产流程的智能化控制，提高生产效率和产品质量。

2. 智能诊断与维护

数字技术能够实时监测设备的运行状态，并进行智能诊断和维护，减少人工干预，提高维护效率。

（五）提升远程监控与管理能力

1. 远程监控

数字技术使得工业设备可以通过网络实现远程监控，工程师可以随时随地了解设备的运行状态，提高了监控的实时性和便利性。

2. 集中管理

通过数字技术的集成应用，企业可以实现对多个生产环节的集中管理，提高管理效率，降低管理成本。

（六）增强系统扩展性与灵活性

1. 标准化程序接口

数字技术提供标准化的程序接口，使得不同系统之间的数据交换和集成变得更加容易，增强了系统的扩展性和灵活性。

2. 模块化设计

数字技术支持模块化设计，使得系统可以根据实际需求进行灵活配置和升级，满足企业不断变化的生产需求。

二、数字技术在工业电气自动化中的应用创新

众所周知，我国自动化技术在发展的过程中，其相关的设备较多，且多数设备在实际应用过程中操作难度较大。技术人员在掌握相关操作技术的过程中，需要耗费大量精力和时间，而自动化技术学习难度较大，也给自动化技术的发展增加了难度。将数字技术应用于工业电气自动化的发展过程中，可以利用计算机以及网络技术的优势，降低电气自动化的操作难度，提升电气自动化的稳定性与安全性。

（一）自动化控制系统

可编程逻辑控制器（PLC）：PLC作为数字技术的核心设备之一，在工业自动化中扮演着重要角色。通过编程实现对生产线上各个环节的精确控制，确保生产过程的稳定性和连续性。PLC具有高度的灵活性和可扩展性，能够根据不同的生产需求进行定制和优化。

自动化控制系统集成：数字技术帮助工程师实现对自动化控制系统的编程和调试，使得系统更加智能化和灵活化。通过集成各种传感器、执行器和通信设备，形成完整的自动化控制网络，实现对生产过程的全面监控和控制。

（二）远程监控与控制

网络通信技术：利用数字技术，工业设备可以通过网络实现远程监控和控制。工程师可以通过互联网实时监测设备的运行状态，并进行及时的调整和控制。这种方式不仅减少了工程师的工作强度，还提高了设备的维护和管理效率。

实时数据采集与处理：数字技术能够实时采集设备运行过程中产生的数据，并进行快速处理和分析。通过对数据的分析，工程师可以更好地了解设备的运行特点和趋势，为优化生产过程和预防故障提供有力支持。

（三）数据采集与分析

数据分析工具：采用专业的数据分析软件，对采集到的数据进行深入挖掘和分析。通过数据分析，可以发现生产过程中的潜在问题和优化点，为生产决策提供依据。

预测性维护：基于数据分析结果，实现预测性维护。通过提前预测设备可能出现的故障，提前进行维护，避免设备停机带来的损失。

（四）人机界面优化

直观友好的操作界面：数字技术的应用使得工业设备的人机界面更加直观友好。通过设计用户友好的界面，降低工程师的培训成本，提高操作的准确性和效率。

智能化辅助操作：利用人工智能技术，为工程师提供智能化的辅助操作建议。例如，在故障诊断过程中，系统可以根据数据分析结果，为工程师提供可能的故障原因和解决方案。

（五）智能化控制与调度

智能控制系统：通过集成智能算法和模型，实现生产过程的智能化控制和调度。智能控制系统能够自动调整生产参数，优化生产流程，提高生产效率和产品质量。

自动调度与优化：利用数字技术对生产过程中的各个环节进行自动调度和优化。通过实时分析和预测生产需求，自动调整生产计划，确保生产过程的顺畅进行。

（六）高可靠性的用电保护与现场控制

多重用电保护：应用数字技术实现多重用电保护，提高电力系统的稳定性和安全性。通过实时监测和预警，及时发现和处理潜在问题，确保电力供应的可靠性和稳定性。

实时故障监控与系统调整：在现场控制系统中，数字技术能够实现实时故障监控和系统调整。通过快速响应和精确控制，降低故障对生产的影响，提高系统的可靠性和稳定性。

第三节　人工智能技术在电气自动化控制中的应用

随着科学技术的不断发展，自动化和人工智能技术进步巨大。电气自动化控制给人们的社会生活和生产带来了诸多便利，特别是在工业行业中，极大地推动了社会生产力的发展。当前我国社会进入发展的新时期，必须扩大人工智能技术在电气自动化控制中的应用范围，不断改进工业领域的生产程序，提高全行业的生产效率和产品质量，对人事管理制度、人力资源配置等多项规则进行重新规划，保证我国电气工业系统运行稳定，提升工业的产值和收益。

人工智能技术是以信息技术和网络技术为基础的一项新型技术，随着社会生产力的极大提高，人工智能技术在越来越多的社会生产领域得到了推广和广泛应用。在传统的工业生产中，由于人力存在较大的局限性，无法完全满足人们对物质的需求，因此，如何在当今社会通过技术改进提高工业生产的产能是我们应当思考和研究的问题。我们必须将人工智能技术和电气自动化控制进行完美结合，促进人工智能技术不断推动电气自动化控制的发展。

一、人工智能技术在电气自动化控制中的优势

人工智能技术在电气自动化控制中存在诸多优势，这些优势主要体现在以下几个方面。

（一）稳定性与适应性增强

人工智能技术所形成的智能控制系统无须对控制对象进行复杂的模型控制，即便存在不稳定或不确定因素，也能满足控制需求。这种特性使得电气自动化控制具备更强的适应能力，能够动态调整生产设备，保证生产的稳定性与安全性。

人工智能技术采用非线性的变结构控制方式，能够随着环境的不断

变化而调整，更好地应对复杂的制造环境，针对不同产品实现灵活控制。

（二）控制精度与效率提高

借助人工智能技术的动态调节功能，设备能够在预设参数下保持稳定运行状态，无须频繁调整参数，保证了实际工作参数与预设参数的一致性，从而提升了电气自动化控制的精度。

人工智能技术可以全天候采集电气控制的运行数据，并基于这些数据进行高效处理，显著提升电气自动化控制效率。

（三）智能化与自动化水平提升

在故障诊断方面，人工智能技术能够迅速发现故障点、分析故障原因，并提供有效的解决方案，极大地提高了故障诊断的效率和准确性。例如，在变压器故障诊断中，人工智能技术能够快速处理故障，为维修人员提供准确参考，缩短维修时间。

人工智能技术可以实现对电气自动化系统的远程控制和自动化调节，如通过鼠标或键盘远程控制断路器和隔离开关，自动调整励磁电流等，提高了电气自动化系统运行的可靠性和稳定性。

（四）成本降低与经济效益提升

人工智能技术主要依赖于已完成的协议封包软件传递控制指令，降低了电气自动化系统的设计难度和成本。

人工智能技术通过提高控制精度和效率，减少故障发生概率和维修时间，降低电气自动化系统的综合运营成本，为企业创造更大的经济效益。

（五）安全性与可靠性增强

人工智能技术能够代替工作人员完成某些工作，从而减少了人为误操作的可能性，提高了电气自动化系统运行的安全性和可靠性。

在发现设备故障时，人工智能技术能够第一时间发出警报并隔离故障设备，防止故障范围扩大，减少损失。

二、人工智能在电气自动化控制中的应用

（一）数据分析与预测

可以利用人工智能技术的大数据处理能力，对电气自动化控制系统中的海量数据进行深入分析，提取有价值的信息，并进行精准预测。如通过数据分析，可以识别生产过程中的潜在问题和趋势，或预测设备故障，提前采取维护措施，避免生产中断，进而优化生产调度，提高资源利用率和生产效率。

（二）自适应控制

可以利用人工智能技术的自适应学习能力，根据外部环境和内部状态的变化，实时调整控制策略，实现更精确的控制。如实时监测电气自动化控制系统的运行状态，并根据系统反馈，自动调整控制参数，以适应不同的生产需求，或利用专家系统、模糊控制等算法，提升系统的自适应能力。

（三）故障诊断与智能维护

可以利用人工智能技术进行系统故障诊断，快速定位问题，并提供智能维护方案，减少故障停机时间。如建立故障诊断模型，实时监测和分析系统运行状态，同时利用模糊理论、神经网络等算法，提高故障诊断的准确性和速度，最后根据诊断结果，自动生成维护任务单，指导维修人员快速排除故障。

（四）智能化调度

可以利用人工智能技术优化调度生产过程中的各个环节，实现资源的合理分配和生产效率的最大化。如对生产设备、工作人员和物料进行综合分析和优化调度，利用遗传算法、粒子群算法等优化算法，寻找最优的生产方案，并实时调整生产计划，应对生产过程中的不确定性和变化。

（五）提升系统安全性与稳定性

可以利用人工智能技术的抗干扰能力和稳定性强的特点，提升电气自动化控制系统的安全性和稳定性。如加强系统对外部干扰的识别和抵

抗能力，实时监测系统的运行状态，及时发现并排除潜在的安全隐患，同时利用人工智能算法进行安全风险评估，提供安全预警和应急处理方案。

综上所述，人工智能技术在电气自动化控制领域能够为人们提供有力的帮助，因此应加强相关领域的人才培养和技术创新，推动技术的持续进步和应用领域的广泛发展。第一要加大对人工智能技术的研发投入，推动技术创新和突破。第二要积极培养具备人工智能技术背景的电气自动化专业人才。第三要加强与高校、科研机构的合作，共同推动人工智能技术在电气自动化控制领域的应用和发展。

参考文献

[1] 杜艳洁，宁文超，张毅刚．现代电力工程与电气自动化控制 [M]．哈尔滨：哈尔滨地图出版社，2021．

[2] 郭廷舜，滕刚，王胜华．电气自动化工程与电力技术 [M]．汕头：汕头大学出版社，2021．

[3] 韩祥坤．电气工程及其自动化 [M]．东营：中国石油大学出版社，2020．

[4] 郝庆华，唐磊．电子技术基础电气工程及其自动化类 [M]．大连：大连理工大学出版社，2019．

[5] 何明，路轶，王云丽．输配协同调度控制系统技术与功能应用 [M]．成都：西南交通大学出版社，2022．

[6] 侯玉叶，梁克靖，田怀青．电气工程及其自动化技术 [M]．长春：吉林科学技术出版社，2022．

[7] 胡博，王荣茂，徐森等．配电网自动化 [M]．北京：科学出版社，2022．

[8] 江玉荣．电力系统调度自动化中远动控制技术的运用 [J]．电力系统装备，2022（12）：68-70．

[9] 李宝强．变电站网络安全监控系统设计与实现 [D]．北京：华北电力大学，2019．

[10] 李璠．变电站自动化的安全运行分析 [J]．模型世界，2023（18）：8-10．

[11] 李付有，李勃良，王建强．电气自动化技术及其应用研究 [M]．长春：吉林大学出版社，2020．

[12] 连晗．电气自动化控制技术研究 [M]．长春：吉林科学技术出版社，2019．

[13] 刘春瑞，司大滨，王建强．电气自动化控制技术与管理研究 [M]．长春：吉林科学技术出版社，2022．

[14] 刘小保．电气工程与电力系统自动控制 [M]．延吉：延边大学出版社，2018．

[15] 栾泰珍，王毓栋．电气自动化在电力系统的运用 [J]．自动化应用，2023，64（3）：152-154．

[16] 马桂荣．工厂供配电技术 [M]．北京：北京理工大学出版社，2019．

[17] 聂荣鹏．电气工程及其自动化技术的应用分析 [J]．科学技术创新，2020（13）：188-189．

[18] 邱俊. 工厂电气控制技术 [M]. 北京：中国水利水电出版社，2019.

[19] 盛景亮. 工业信息化下数字技术在工业电气自动化中的应用研究 [J]. 现代工业经济和信息化，2023，13（10）：139-141.

[20] 孙瑜鸿，邵一丹，于润乐. 电气工程及其自动化技术的设计与应用策略 [J]. 通信电源技术，2020,37（10）：93-95

[21] 汪云. 电气自动化在电气工程中的应用探讨 [J]. 电力设备管理，2023（9）：184-186.

[22] 王晶晶，尹昶，王宁. 自动控制原理及其应用 [M]. 成都：西南交通大学出版社，2023.

[23] 王燕锋，李润生. 供配电技术及应用 [M]. 北京：电子工业出版社，2019.

[24] 王永宏，梁柏强，刘瀚林. 变电站建筑物及辅助设施监控方案设计 [J]. 技术与市场，2020,27（1）：54-55.

[25] 魏曙光，程晓燕，郭理彬. 人工智能在电气工程自动化中的应用探索 [M]. 重庆：重庆大学出版社，2020.

[26] 魏涛. 变电站自动化监测控制系统的研究 [J]. 能源技术与管理，2023，48（2）：174-176.

[27] 吴敏. 电气自动化系统安装与调试 [M]. 南京：江苏凤凰教育出版社，2020.

[28] 吴士涛，闫瑾，梁磊. 电气自动化控制与安全管理 [M]. 秦皇岛：燕山大学出版社，2022.

[29] 熊丽萍. 电气自动化技术及其应用研究 [M]. 长春：吉林科学技术出版社，2018.

[30] 燕宝峰，王来印，张斌. 电气工程自动化与电力技术应用 [M]. 北京：中国原子能出版社，2020.

[31] 杨慧超，牟建，王强. 电气工程及其自动化 [M]. 长春：吉林科学技术出版社，2020.

[32] 杨武盖. 配电网自动化技术 [M]. 北京：中国电力出版社，2019.

[33] 易辉，孔晓光，王凯东. 电气自动化基础理论与实践 [M]. 长春：吉林大学出版社，2018.

[34] 尤越远. 发电厂电气自动化技术探究 [J]. 电气技术与经济，2023（6）：279-281.

[35] 于立贵. 电气自动化技术在电气工程中的应用及发展现状研究 [J]. 住宅与房地产，2020（12）：284.

[36] 袁兴惠，电气工程及其自动化技术 [M]. 北京：中国水利水电出版社，2018.

[37] 张磊，张静. 电气自动化技术在电气工程中的创新应用研究 [M]. 长春：吉林大学出版社，2018.

[38] 张莹，李永胜. 工厂供配电技术 [M]. 北京：电子工业出版社，2019.

[39] 赵焘. 关于电气工程及其自动化技术设计与应用 [J]. 电子技术与软件工程，2020（5）：120-121.

[40] 赵英宝，刘新建，李红卫. 电气工程自动化控制技术 [M]. 重庆：重庆出版社，2023.

[41] 周豪，夏咏荷. 电力系统及其自动化在电网调度中的实际应用 [J]. 模具制造，2023，23（10）：202-204，207.

[42] 朱煜钰. 电气自动化控制方式的研究 [M]. 咸阳：西北农林科技大学出版社，2018.